何以韧性

城市运行安全风险
精细化防控的
探索与创新

董幼鸿　周彦如　著

上海人民出版社

目　录

序　言

2023 年 11 月，习近平总书记在上海考察时指出，要全面践行人民城市理念，充分发挥党的领导和社会主义制度的显著优势，充分调动人民群众积极性主动性创造性，在城市规划和执行上坚持一张蓝图绘到底，加快城市数字化转型，积极推动经济社会发展全面绿色转型，全面推进韧性安全城市建设，努力走出一条中国特色超大城市治理现代化的新路。习近平总书记考察上海重要讲话精神为我们建设韧性安全城市、聚焦城市安全韧性建设、推进平安城市建设指明了方向。

20 世纪 90 年代以来，中国城市化进程进入全面快速推进阶段，城市经济社会文化等方面发展取得举世瞩目的成就，特大城市综合实力取得前所未有的发展和进步。但伴随着经济社会发展的同时，城市运行系统脆弱性、易损性和复杂性日益凸显，各类风险因素呈积聚、叠加和放大趋势，致使特大城市危机事件接连发生，给城市运行安全带来前所未有的挑战和压力。如 2014 年上海外滩拥挤踩踏事件、2015 年天津"8·12"爆炸事故、深圳"12·20"渣土滑坡事故、2021 年郑州极端暴雨灾害、2022 年长沙自建楼坍塌事故、2023 年北京长峰医院火灾等，这些危机事件的发生反映了特大城市运行安全风险防控工作存在诸多短板和不足，尤其是安全风险精细化防控机制存在问题，如感知迟钝、信息孤岛、研判不准、评估失效、管控失灵等问题。本书试图结合大数据技术和数字思维，在韧性治理理论和精细化治理视角下探讨特大城市运行安全风险防控机制创新和优化策略，实现安全风险防控智能化、专业化、标准化、社会化和规范化，提高城市运行安全风险感知和防控能力，从源头上管控城市运行安全风险和隐患，确保城市运行安全。党的二十大报告明确指出，要加快转变超大特大城市发展方式，实施城市更新行动，加强城市基础设施建设，打造宜居、韧性、智慧城市，要完善社会治理体系，健全共建共治共享的社会治理制度，提升社会治理效能。提高公共安全治理水平，建立大安全大应急框架，完善公共安全体系，推动公共安全治理模式向事前预防转型。本书探索特大城市运行安全风险精细化防控机制建设和优化策略，从源头上防范化解风险确保城市安全和韧性，也是落实和践行党的二十大报告对公共安全治理模式向事前预防转变的基本要求。

本书分析特大城市运行安全风险治理的现状，探讨韧性城市风险精细化防控的理论框架，结合突发公共卫生风险防控、特大暴雨灾害应对、企业安全生产风险管控、社区风险精细化管理和风险治理数字化等实践，探讨健全和优化特大城市运行风险防控精细化机制的对策和思路，期待为特大城市运行安全风险防控能力和水平提升提供理论指导。

（一）主要内容

本书的主要框架和内容如下：

第一章，重点描述特大城市运行安全风险及其治理的现状。通过分析梳理安全风险治理取得成效，指出安全风险治理存在的问题，明确从源头上进行精细化防控机制建设和探索的必要性和重要性，为特大城市安全风险精细化防控机制建设提供现实背景和实践动因。

第二章，重点梳理学术界关于韧性理论和精细化治理理论研究的文献，试图从韧性理论视角构建特大城市运行安全风险精细化防控机制建设的框架，为城市运行安全风险防控机制建设提供理论指导。

第三章，重点分析城市社区安全风险精细化防控实践探索，以上海某社区安全风险精细化防控为例，探讨影响城市运行安全风险因素，聚焦如何采取精细化防控措施实现平安小区建设的探索，总结出社区运行安全风险防控的经验和做法，期待为特大城市运行安全风险精细化防控提供实践参考。

第四章，重点分析特大城市公共卫生风险精细化防控的实践取得的成效及面临的挑战，未来优化的做法和思路。近年来各类重大公共卫生事件考验特大城市运行安全风险防控工作，很多城市应对甲型流感、新冠疫情等积累了丰富的经验和做法，对提高城市风险治理精细化水平和能力具有重要的借鉴意义。

第五章，重点探讨城市安全生产风险防控合作监管的实践模式，分析社会主体、市场主体参与政府企业安全生产监管的实践做法，总结多元主体参与安全生产合作监管取得的成效及面临的挑战和难题，并提出优化的思路和对策。期待进一步发挥第三方机构在企业安全生产风险精细化防控中的功能，为特大城市运行安全风险防控精细化提供新思路新视角。

第六章，重点讨论城市自然灾害风险精细化防控的实践和探索，以 2021 年上海成功应对"烟花"台风为例，分析了其加强台风灾害风险精细化防控的实践和经验，从韧性城市建设视角梳理和归纳了特大城市自然灾害风险精细化防控机制建设的路径和思路。

第七章，重点探讨北京 12345 服务热线在风险防控中的功能。北京市依托 12345 市民服务热线，深化"街乡吹哨、部门报到""接诉即办"改革，通过构建高效、快速的响应机制、聚焦高频共性难点问题、拓展服务范围和提升服务水平、强化监督考核等措施，不断提升 12345 市民热线承担重大任务、应对突发事件、防范化解风险的能力。12345 市民服务热线不仅成为北京市民心中的民生热线，更成为保障北京超大城市平稳运行的安全热线。

第八章，重点探讨城市运行安全精细化防控机制建设的数字技术应用实践，以上海城市运行"一网统管"体系建设和应用为例，分析数字技术赋能精细化防控的功能及其发展趋势，期待"一网统管"体系为特大城市运行安全风险精细化治理提供更高质量的技术赋能和支撑，提高特大城市风险防控的智能化和科学化水平。

第九章，重点分析韧性理论视角特大城市风险精细化防控机制建设和优化的路径，聚焦韧性城市建设六大维度内容，期待为特大城市风险精细化防控机制优化提供理论指导和支撑。

最后，结语与展望。通过对城市运行安全风险精细化防控理论分析和实践探索，从而认识到特大城市运行安全风险精细化防控机制优化和完善是一个系统工程，是一个精益求精、追求卓越的过程。本书在韧性理论指导下，从社区安全、公共卫生、自然灾害、安全生产等角度进行探索，梳理出一些关于特大城市运行安全风险精细化防控的做法，总结安全风险精细化防控原则性的思路和对策，为特大城市安全韧性建设提供指导。同时今后还可以从交通、环保、安全生产等具体行业领域细化研究精细化防控机制建设和优化的路径，为韧性城市建设提供更加实用的理论指导和实践关怀。

（二）研究方法

本书基本上采用传统文献梳理和实证研究科学的方法，加强理论与实践的结合，基于问题发现、问题解决和问题反思的目标，提高课题研究对实践问题的关怀。主要方法如下：

1. 实证研究

本书采取深入基层社区、企业及相关风险治理现实场景的方式，通过参与式观察、座谈会、个别访谈等途径，获取经验和做法素材。如选取城市运行安全风险防控实践中的典型社区作为调研单位，预先拟定调查提纲，对相关街道工作人员、社区工作人员、志愿者、居民等进行开放式访谈，了解风险防控中社区行动和社区韧性建设的过程与相关细节，重点关注与风险精细化防控相关信息的收集，为本书提供丰富的一手资料。

2. 案例研究

本书将结合具体案例，将相关理论框架应用于城市韧性建设和安全风险精细化防控实践中，通过"以小见大""解剖麻雀"的方式，对城市韧性的运作实践和安全风险精细化防控进行分析，展示韧性理论在现实中的运用，揭示当前的现状及困境，并试图为通过完善特大城运行安全风险防控机制以提升城市韧性提供对策建议。

3. 文献研究

通过梳理韧性理论和精细化治理理论的文献，分析韧性理论和精细化治理理论的内涵、特征、环节、理念和具体内容，根据文献归纳和分析，提炼出城市运行安全风险精细化防控的理论框架，为风险精细化防控机制建设提供理论支撑和指导。

第一章 特大城市运行安全风险及其治理的现状分析

　　习近平总书记在党的二十大报告中指出，提高城市规划、建设、治理水平，加快转变超大特大城市发展方式。这是党中央全面建设社会主义现代化国家开局起步关键时期的重大战略部署。2014 年 11 月，国务院发布《关于调整城市规模划分标准的通知》，将城区常住人口在 500 万以上 1000 万以下的城市划分为特大城市，将城区常住人口在 1000 万以上的城市划分为超大城市。国家统计局 2021 年发布的《经济社会发展统计图表：第七次全国人口普查超大、特大城市人口基本情况》显示，我国超大、特大城市数量已达到 21 个。根据第七次全国人口普查数据，截至 2020 年 11 月 1 日零时，按城区常住人口数排序，我国有 7 个超大城市，分别是上海、北京、深圳、重庆、广州、成都、天津。特大城市有 14 个，分别是武汉、东莞、西安、杭州、佛山、南京、沈阳、青岛、济南、长沙、哈尔滨、郑州、昆明和大连。① 特大城市是我国经济、政治、文化、社会、科技等方面活动的中心，其内部人流、物流、信息流、资金流等要素高度聚集，特大城市在享受着各类资源集聚所带来的丰富红利时，也相应地面临着更多的风险和隐患，给特大城市管理者带来更多压力和挑战。由于诸多特大城市未来将在规模上达到现有超大城市的标准和特征，因此本书在案例的选取上把上海、北京两座典型超大城市也作为分析样本来处理，以期为各特大城市未来规划发展提供前瞻性思考。

近年来，中国的一些超特大城市发生了一系列重特大突发事件，如郑州"7·20"特大暴雨（2021）、深圳"12·20"特别重大滑坡事故（2015）、天津港"8·12"特别重大火灾爆炸事故（2015）、上海"12·31"外滩踩踏事件（2014）、青岛市"11·22"输油管道泄漏爆炸特别重大事故（2013）、北京河北特大暴雨灾害（2023）等，这些事故或事件在造成重大人员伤亡及经济损失的同时，无一不反映了超特大城市在治理过程中面临的风险种类和数量大大增加，加大了特大城市运行安全风险的复杂性和严峻性，给城市安全管理带来前所未有的挑战和压力，给老百姓人身和财产安全带来严峻的威胁。同时，也暴露出我国在城市公共安全治理领域仍存在不少漏洞和短板。这些问题是研究特大城市运行风险精细化防控机制建设的

---

① 《我国超大、特大城市，已有 21 个》，中国经济网，https://baijiahao.baidu.com/s?id=1711672794297524108&wfr=spider&for=pc2021-9-23。

直接动因和原生动力。

一、特大城市运行安全风险呈高发态势

根据突发事件应对法规定，影响城市安全运行的突发事件风险包括自然灾害、事故灾难、公共卫生和社会安全等方面事件，相应的各领域的突发事件风险成为当前影响城市运行安全的重要因素。

1. 特大城市极端自然灾害风险不断增加

如 2023 年北京遇到史上最严重的暴雨灾害，短时间内雨水量超历史最高水位，导致部分地区遭受人员伤亡和财产损失；再如，近些年上海遭遇的自然灾害 90% 以上为气象灾害，地质灾害等其他自然灾害也给城市安全运行带来不容小觑的影响。近年来，全球海平面抬高、平均气温升高，致使台风等灾害频发、潮位趋高、强对流天气多发、暴雨强度加大，黄浦江沿线及东海沿线风险源密集，易造成大险大灾以及次生、衍生灾害。[①] 如郑州 7.20 特大暴雨灾害也说明了极端气象灾害的易发性和严峻性。据气象部门预测，未来 20 年，强降水发生日数和强度都将呈现增加趋势，中雨、大雨和暴雨

---

① 《上海市人民政府办公厅关于印发〈上海市应急管理"十四五"规划〉的通知（沪府办发〔2021〕18 号）》，《上海市人民政府公报》2021 年第 19 期。

日数将增多，海平面持续上升和上游泄洪压力将对上海这类特大型城市抵御洪涝灾害的能力构成更大挑战。

随着工业化和城镇化的快速推进，化石能源消耗速度不断加快，生产性污染和生活性污染的排放总量越来越大。光化学污染、城市雾霾等已经成为困扰特大城市安全发展的重要灾害问题。此外，随着全球性气候变化，极端灾害天气的频繁出现也给特大城市带来了更多安全风险。①

2. 特大城市运行安全风险载体量大面广

从功能和区域位置来看，特大城市承担了重要经济社会发展的任务，是区域内重要的经济文化重镇，具有很强的辐射力和带动力，对周边地区发展有重要的影响。如上海现有老旧小区 3500 余个，24 米以上的高层建筑超过 6 万幢，100 米以上超高层建筑超过 1000 幢，3 万平方米以上的城市综合体有 306 个。截至 2021 年底，上海地铁运营里程 821 公里，单日最高客流曾达 1329.35 万人次；已从大规模交通设施建设期进入养护、维护期，拥有城市桥梁 14274 座（其中大桥 11 座），隧道 16 条，高速公路总长度 845 公里，城市快速路总长度 207 公里。此外，还存在复杂交错的城市生命线管及体量庞大的地下空间。②大量长期高负荷使用的城市建筑设施正陆续进入风险易发高发期，客观上形成安全风险累积。北京、广州、天津、成都等特大城市同样也会遇到类似问题。

---

①② 郭叶波：《特大城市安全风险防范问题研究》，《中州学刊》2014 年第 3 期。

3. 特大城市运行安全风险行业分布形态多样

特大城市工贸化工、特种设备、交通运输、建筑施工、供水供电供气、综合商贸等行业领域普遍存在不同程度的风险。如上海市各类涉及危险化学品的单位约 1.7 万家，危险化学品总储量约 3000 万吨；在用电梯总数约 27.5 万台；汽车保有量已超 400 万辆，电动自行车超过 1000 万辆；中心城区地下空间埋设了 7 大类 23 种管线约 11.86 万公里，2022 年在建工地约 8000 个。[①] 从事故灾难来看，安全风险行业分布的多样性引起的各类事故灾难正威胁着超大城市的安全，其产生的后果往往也是超常规的。2023 年 4 月，北京丰台区长峰医院火灾造成 29 人死亡和多人受伤，也说明了特大城市运行安全风险分布形态存在多样性，给城市居民生命和财产带来巨大威胁。

4. 传统风险与新型风险相互交织

特大城市具有复杂巨系统和有机生命体的特征，其中人口、各类建筑、经济要素和重要基础设施高度密集，致灾因素呈现叠加和复杂趋势，一旦发生自然灾害、事故灾难和公共卫生事件，可能引发连锁反应、形成灾害链和次生灾害或衍生灾害，次生灾害的危害程度呈放大趋势。据现有资料和数据反映，在未来相当长的时期内，特大城市公共安全管理工作将仍处于爬坡期、过坎期和脆弱期。

同时，特大城市运行安全还面临传统风险、转型风险和新型风

[①] 《上海市人民政府办公厅关于印发〈上海市应急管理"十四五"规划〉的通知（沪府办发〔2021〕18 号）》，《上海市人民政府公报》2021 年第 19 期。

险复杂交织的形势。一方面，特大城市老旧基础设施改造或城市更新和城市新增扩能的建设规模、体量巨大，城市生命体的系统脆弱性和高风险性不容忽视；另一方面，传统经济加快转型，创新型经济和数字经济超常规发展，不确定性和潜在风险增加，安全运行管控任务和要求更加艰巨。伴随着新发展格局的构建，新兴产业发展、原材料需求上升、畅通国内大循环关键基础设施、加大城市更新改造等各种情况增多，新产业、新业态、新领域的安全风险不断涌现，各类风险的跨界性、关联性、穿透性和放大性显著增强，其影响交织叠加，极易引发连锁性风险和形成风险的灾害链，有效防范化解特大城市运行安全风险的形势严峻复杂。随着网络基础设施和网络信息的快速发展，网络安全和数据安全等新兴风险呈高发态势。

概而言之，特大城市因其体量规模巨大与结构要素复杂，相比其他中小城市或者乡村，城市公共安全治理具有明显的特殊性：

从灾害致灾因子来看，特大城市更容易出现人为灾害和综合性风险。由于特大城市人口密集，高层建筑集聚，交通流量巨大，大规模人类活动频繁、生产生活影响度加大等特点，城市运行系统受人为因素和自然因素干扰增大，具有显著的脆弱性和高风险性，因而更容易发生人为灾害或由于人为因素诱发的自然灾害风险放大效应。如 2021 年郑州特大暴雨灾害就说明了城市快速发展加重了自然灾害风险的危害度和负面影响。

从灾害发生过程来看，特大城市灾害的扩散性较强。特大城市人口稠密，各种形式活动频繁，人群相互接触的概率大，再加上便利的交通方式，因而灾情的扩散往往较难控制。① 例如 2020 年暴发的新冠疫情，在超特大城市蔓延肆虐，整体防控难度非常大。

从灾害演变过程来看，特大城市在发生原生灾害之后，很容易引发次生灾害和衍生灾害，形成一个很长的灾害链，更容易形成风险灾害的耦合和叠加效应。特大城市运行系统是一个复杂的巨系统，各子系统之间存在千丝万缕的联系和相关关联，往往是牵一发动全身。例如特大城市发生一些安全生产的事故，它的危害性一般比中小城市影响大，如果处置不当，就很容易演变成大规模的社会安全事件或稳定类事件。

从灾害产生的后果来看，由于其本身的人口、交通、基础设施和城市规模等要素的复杂性特点，同一等级、同一类型的灾害暴发在特大城市将产生更大的危害性和更广的负面影响。例如在同一地震等级和烈度的大地震中，如果发生在特大城市或超大城市，加上人口高度密集且基础设施、建筑物和各类财产等城市要素高度集中，将会造成更大的人员伤亡和财产损失。

总而言之，特大城市运行的安全风险具有复合性、衍生性、复杂性、易发性等方面特点，对特大城市运行安全来说提出了更高的要求，需要城市管理者实现公共安全治理模式向事前预防的转变，加大对特大城市运行安全风险精细化防控机制的研究，织密城市运行的安全防护网，从源头上控制风险和隐患，减少或

---

① 郭叶波：《特大城市安全风险防范问题研究》，《中州学刊》2014 年第 3 期。

避免城市运行的安全风险给人民生命和财产安全带来的威胁和损失。

当前，我国特大城市运行的安全风险问题出现了新趋势和新特点。从自然灾害来看，由于人类生产生活方式的转变，导致全球气候环境突变，如全球升温，两极冰川融化，海平面升高，极端高温、暴雨、洪涝等自然灾害影响日益频繁，成为影响特大城市安全最为显著的灾害问题之一。如这几年特大城市极端高温和极端寒冷天气灾害明显增加，加大了城市风险治理和应急处置的难度；从公共卫生安全形势来看，近年来新型传染疾病和疫情时有发生，这种复杂形势给城市管理者带来前所未有的挑战；从事故灾难形势看，由于中国很多特大城市发展走过了百年历史，很多基础设施和住宅建筑日益趋于老化，其本身蕴含的风险呈叠加趋势，再加上医院、学校和养老院等人员密集场所及危化品企业、建筑工地等区域的管理水平亟须提高，导致城市安全运行的风险和挑战日益增大；从信息安全来看，特大城市作为重要信息基础设施的集中区和网络高度发达区域，网络安全和数据安全显得尤为重要。同时，随着微信、微博等社交软件的发展与普及，自媒体时代到来，网络谣言、舆论的传播对社会的影响极大，容易造成社会对政府公信力的质疑。[①] 以上这些新特点新趋势意味着特大城市运行遭遇安全风险时更具脆弱性和易损性，任何自然灾害、生产事故、公共卫生等突发事件会给

① 费欢：《特大城市公共安全风险管理比较与借鉴》，《中国公共安全（学术版）》2018 年第 50 期。

城市安全运行带来难以估量的损失，并且容易产生放大和溢出效应，进而给特大城市运行和市民的生命财产安全带来极严重的负面影响。

二、特大城市运行安全的风险治理实践探索与回顾

面对日益增长的各类风险，全国特大城市都从体制、机制、制度、文化和技术等方面采取了一系列措施和探索，取得了一系列成果和显著成效，为韧性城市建设创造了条件。如"十三五"期间，上海紧紧围绕党和国家有关公共安全治理和应急管理的决策部署，牢固树立安全发展和综合防灾减灾救灾理念，把防范化解城市重大安全风险和提升全民防灾减灾意识放在突出位置。各类风险治理能力和安全生产治理能力、自然灾害综合防治能力和应急抢险救援能力明显提高，各类生产安全事故总量保持下降态势，城市安全运行总体平稳、基本受控、趋势向好，为高质量发展和高品质生活奠定了新的基础。主要体现如下：

1. 公共安全治理和应急管理体制机制不断优化

近年来，上海市按照国家应急管理体制改革和公共安全运行风险治理的总体部署，市、区两级应急管理部门全部组建到位，街镇基层应急管理机构建设稳步推进，初步构建了统一指挥、专常兼备、反应灵敏、上下联动的应急管理体制，形成了政府统一领导、部门

分级分类管理、企事业单位主体负责、全社会广泛参与的应急管理新格局。

依照应急管理"测、报、防、抗、救、查、建、服"全链条工作体系，初步形成了以应急预案体系建设为基础、扁平化应急救援指挥体制和预防抢险救援工作相衔接的应急指挥机制、应急协同救援机制、应急值守和信息报告机制、隐患排查治理机制、社会力量参与机制、军地协调联动机制；有序推进了应急管理领域"放管服"改革，"权力清单""免责清单"等新举措得到全面实施。依托城市运行"一网统管"平台，建立健全灾害风险监测、综合会商研判、预报预警等防灾减灾工作机制，推进应急预案体系建设，提升公共安全风险治理能力和应急指挥能力。

2. 灾害事故防范效能得到明显提升

上海积极推进风险防控和隐患排查治理双重预防机制建设，加强对危险化学品、道路交通、消防安全等重点领域的风险管控、隐患排查，坚持实施政府挂牌督办隐患治理，坚持推进企业安全标准化建设，坚持推进高危行业安全生产责任保险。截至 2021 年底，上海单位生产总值生产安全事故死亡率为 0.013 人 / 亿元，安全生产形势持续稳定好转。强化以千里江堤、千里海塘、城镇排水、区域除涝等"四道防线"为骨架的防汛保安体系，城市灾害防治体系建设成效凸显。

截至 2022 年底，全市已创建 381 个"全国综合减灾示范社区"，建成 Ⅰ、Ⅱ、Ⅲ 类等级应急避难场所 117 个，灾害防御和应对能力得到进一步提升。同时，在国内率先开展城市安全风险评估与城市安全规划编制工作，深入开展危险化学品、道路交通、建筑施工、消防等重点行业领域专项治理，注重从源头上防范化解各类灾害事故风险。

3. 多元应急救援力量进一步增强

上海积极推进以综合性消防救援队伍为核心、专业森林消防队伍为骨干、企业专职救援队伍为支撑、社会应急救援力量为补充的应急救援队伍建设。

"十三五"期间，全市共建成消防站 49 个。截至 2021 年底，全市消防站总数达到 174 个。不断加强专职消防队、志愿消防队和微型消防站等基层消防救援力量，大力发展应急救援专业队伍和社会组织。有序组织应急预案演练，突发事件应急协调联动机制更加完善，应急救援能力得到进一步提升。加强各类应急救援力量之间的联动，与驻地部队建立了军地联动机制。建成了全国首个社会应急力量孵化基地，成立了上海市社会综合应急救援队，积极制定应急救援力量参与突发事件处置补偿办法，规范应急救援力量参与防灾减灾抗灾救灾工作。同时，还建立了上海市应急突发事件专家库"智囊团"，常态化提供应急救援专业技术支持。

4. 长三角区域一体化应急管理合作不断完善

从 2019 年以来，沪苏浙皖一市三省应急管理部门相继签署了长江三角洲区域一体化应急管理协同发展备忘录，成立了长三角应急管理专题合作组，建立起区域应急联动协调机制，不断推动信息互通、工作互联、资源共享、成果共建。突出体现在以下几个领域：

一是探索建立长三角省际边界区域协同响应和增援调度机制，针对省际边界区域可能发生的突发事件，加强应急指挥联动，强化协同响应和救援力量调度，合力高效处置，减少事故灾害损失。

二是加强长三角区域安全生产执法联动建立长三角区域防汛防台抗旱合作机制，加强长三角区域防汛防台抗旱合作，协同应对涉及跨区域洪涝台旱突发事件，保障人民群众生命和财产安全，最大限度减少灾害损失。

三是建立长三角区域安全生产执法联动机制，加强长三角区域内安全生产执法日常互动、重大活动和特殊时期联动有序开展，遏制和减少重特大事故发生，有效保障安全生产形势平稳。

四是探索建立长三角区域应急物资和应急共用共享协调机制，推进区域内应急物资互调共用、相互补充，加强长三角区域应急物资装备协同储备和紧急调运保障。

五是建立长三角区域重特大关联事故灾害信息共享机制，强化重特大自然灾害、重特大生产安全事故的信息联动互通，提升长三角区域重特大关联事故灾害协同应对能力。

5. 社会公众安全意识不断提高

上海以创建安全发展示范城市、安全社区和综合减灾示范社区为引领，以"5·12防灾减灾日""安全生产月""119消防宣传月"等主题活动为契机，拓展安全宣传培训渠道。充分发挥安全协会、行业协会和保险机构在安全宣传教育活动中的作用，创新开展公共安全教育、安全体验实训等安全科普活动，分众化开展安全理念宣传和知识普及，市民安全意识持续强化，避险逃生及自救互救能力不断提高。

总之，从上海城市运行安全治理来看，围绕着风险防控和应急管理等环节系统地开展安全管理工作，聚焦"观、管、防、处"等重点环节，从体制、机制、制度、文化和技术等多个维度加快特大城市安全治理系统建设，不断提高城市运行安全治理水平和能力，为实现韧性城市目标创造良好的环境。

三、特大城市运行安全风险防控面临的挑战和难题

回顾过去十几年的历程，特大城市公共安全风险治理工作取得显著成效，但在城市未来发展进程中，加强城市风险治理机制及应急管理体系和能力现代化建设、维护保障城市安全运行的责任重大、任务艰巨、时间紧迫。面对未来城市发展的挑战和任务，适应新时代安全发展需要，在建立符合特大城市治理特点的现代化风险识别体系、把握治理体系和应急救援体系、灾害综合防治体系方面还存在诸多"短板"，不确定性因素始终影响着我们城市发展的进程，需要我们在城市风险治理体系能力现代化进程中加强城市运行安全风险精细化防控机制建设。当前特大城市运行安全风险防控面临的挑

战和难题主要体现在以下几个方面：

一是城市风险治理与应急管理统筹协调机制不健全不完善，协同治理能力尚未充分发挥。各类突发事件的关联性、耦合性强，但在有效处理"防与救""统与分""上与下"等关系上，依然存在条块分割、重复投入多、资源整合难、信息沟通不畅、协调力度不够等问题，需要在公共安全风险治理和应急管理"全灾种、大应急"及强化多部门高效统筹协同机制上继续下功夫。[①]如消防安全体制改革仍处于过渡期；一些交叉领域、非许可事项的安全监管责任还不够明晰，自然灾害各涉灾部门之间"防""减""抗""救"的工作分工有待进一步优化和明确，协调配合联动机制有待完善和落实，监测预警统筹力度有待进一步提升。企业安全生产主体责任"五落实五到位"有待强化，安全生产管理存在一定的形式主义。

二是灾害事故风险综合防控能力亟须提升。如上海的城市运行事故风险要素高度集聚，各类城市运行的隐患普遍存在，极端自然灾害容易导致大规模经济损失、大面积人口受灾，阻滞经济社会的持续发展的威胁和压力有增无减。与此同时，在城市运行安全风险统筹防控、复合灾害链研究和控制、风险综合感知和识别、隐患排查等方面的能力仍存在不足或欠缺，更需要城市管理者在完善风险分级管控和隐患排查治理双重预防机制上和系统风险防控上久久为

---

① 《上海市人民政府办公厅关于印发〈上海市应急管理"十四五"规划〉的通知》（沪府办发〔2021〕18号），《上海市人民政府公报》2021年第19期。

功，持续下足功夫。随着"十四五"期间城市各类重大项目和重大工程建设加快推进，城市规模日益扩大，生产生活环境日趋复杂，人口聚集流动性不断加大，部分高层建筑、桥梁道路、地下管线等公共设施逐渐老化，进入风险高发期，致灾因素叠加趋势明显，各类风险隐患相互交织影响，上海依旧面临复杂严峻的城市公共安全形势，应急管理难度不断增大。同时，以人工智能、物联网、大数据、元宇宙、新能源等为代表的新技术、新产业、新业态的港口的风险不断涌现，给城市建设、管理、运行带来新问题、新风险；存量风险和新增风险交织叠加并日趋复杂，发生群死群伤灾害事故的风险依然较高。

三是风险防控和应急救援体系和队伍统筹建设实效性不足。由于风险防控是个长期过程，对特大城市运行管理而言，需要培育一批稳定的专业管理人员，而这个任务对城市发展来说，亟须高素质风险治理人员和应急救援队伍做保障。除了风险治理体系和人员队伍高标准严要求以外，应急救援指挥"统筹协调、统一调度"的聚势效应仍显不足，应急预案衔接性与精准性、应急力量体系共建共享、应急指挥人员综合能力、应急信息传导响应机制等方面还存在较明显的短板，亟须在应急综合救援体系实战化、精细化建设上持续下功夫。① 应急救援队伍还不够强，应急救援能力还不能完全适

---

① 《上海市人民政府办公厅关于印发〈上海市应急管理"十四五"规划〉的通知（沪府办发〔2021〕18号）》，《上海市人民政府公报》2021年第19期。

应防大灾、抗大灾、救大灾的需要。专业救援和社会救援力量不足，区域分布不均衡。危险化学品、交通运输、水务、生态环境等重点行业领域和森林防灭火、空中救援等专业救援队伍建设还未完全达到国家关于应急救援队伍建设的要求和标准。应急装备现代化能力和水平还有差距，装备配置未进行标准化规范致使各队间难以形成有效合力，先进装备的购置共享机制有待完善，新技术、新科技及大型应急装备在实际工作中的应用不够，应急科技产业优势集群尚未形成规模，在整体上影响了应急救援能力的提升。

四是风险治理和应急管理基层基础建设力度还须加强。从特大城市很多安全事故调查报告来看，几乎所有事故的根源都是来自基层基础企业和个人责任不到位，疏忽大意。首先，企业安全生产主体责任意识还有待加强、自主隐患排查和防灾避险措施落实不到位的情况依然存在，特别是受全球经济下行等外部因素影响，新旧产业更迭加速，企业生产经营压力增大，主动加强安全管理和投入的动力不足，员工流动性加大，生产装置复工停产频繁，安全基础保障能力有削弱态势。

其次，以街镇为代表的基层风险治理和应急管理标准化建设有待加强。基层应急资源和应急设施综合配置的集约化优势未得到明显体现，基层应急干部队伍结构、规模、能力和专业素质仍存在不足和短板，在拓展特大城市基层风险数字化治理方面还较欠缺，需要在依托科技创新平台——城运中心和一网统管平台夯实应急管理基层的基础上继续下功夫。关于韧性社区建设的顶层设计和政策规划不够完善，韧性社区与安全发展示范城市、全国综合减灾示范社区等之间的关系也有待进一步明确和统筹。部分街镇社区安全韧性建设相关的机制体制尚未理顺，特别是属地化管理体系需进一步理顺，编制、人员、经费配备不足，未能与市区条线，以及基层社区有效对接基层。应急管理的"一案三制"（社区应急预案、社区应急管理体制、社区网格标准化应急处突工作机制和全周期管理机制、社区法治制度体系）建设也有待进一步加强。

再次，整个社会共建共治共享的应急安全文化氛围和风险意识还不够浓厚，社会多元主体有效融入不足，市民公众对城市运行中的灾害风险防范和源头控制的重要性、紧迫性、预见性的认识还不够深刻，灾害风险管理理念有待进一步强化，"重救灾、轻减灾"的观念比较普遍，防灾减灾科普宣传教育的针对性、有效性不足，居民防灾减灾的意识需进一步提高。例如部分社区平时的安全演练一直都是五六十个熟悉的阿姨和爷叔，覆盖面较低；部分社区居民法律意识、道德意识、安全意识不够，群租、二房东违规改造房屋、沿街商铺"三合一"违规住人、电动车"飞线"充电、高空抛物、违规经营、违规存储等问题难以根除。社会力量参与防灾减灾、应急救援的工作渠道也有待拓宽，信息共享和社会动员机制有待建立健全。

五是风险治理和应急管理科技支撑能力有待提升。就上海而言，全市应急指挥中心体系建设及作用的发挥距离智能化信息化的要求还有一定的差距，应急所需的信息资源共享水平还需提高，"智慧应急"效能发挥以及自然灾害预测和次生灾害预测精准性有待进一步提升，风险监测预警能力还不能完全适应多灾种的应对需求。应急指挥平台体系不健全，特别是偏远地区现场动态信息掌握不及时，决策指挥信息支撑能力不适应大应急的要求。在智慧化安全监管领域，依然存在看不到风险、查不出问题现象，各级监管部门利用网络监管执法尚不成熟，不太善于运用大数据等信息技术发现系统性问题，安全生产监管执法能力还不能完全适应新时代的发展。此外，各类数字平台在城市风险防控中发挥的作用还有限，一方面由于数据归集、数据共享、数据开放、数据分析等工作没有做扎实，导致数据赋能作用有限；另一方面由于线上线下资源对接不顺畅，导致问题处置不闭环。因此，在统筹运用融合指挥、应急通信、全域感知、短临预警和数据智能等手段解决应急难题方面还有待进一步加强。

综上所述，特大城市，尤其超大城市上海、北京、深圳等在城市公共安全治理方面依然存在不少短板，集中表现在：公共安全风险治理和应急管理的统筹协调能力不足，存在条块分割、资源整合难、信息沟通不畅等问题；风险防控能力不足，动态感知和监测预警能力有限，隐患排查治理不到位；基础保障能力不足，智能化手段应用不够丰富，市场化机制运用不充分，基层应急设施不够完善等方面。

从上海等特大城市公共安全风险治理实践来看，随着在特大城市运行中风险呈现高发易发的态势，风险治理难度逐步增加。根据当前公共安全治理模式向事前预防转变的需要，必须将风险防控作为公共安全治理的重要环节。同时，传统的特大城市运行安全风险防控遇到的挑战日益严峻，因而，要从源头上消除特大城市运行安全风险，须从城市运行安全风险防控的精细化机制建设着手，从制度、机制、技术和文化等方面完善和优化风险精细化防控机制，提高特大城市运行安全风险防控的能力，促进安全韧性城市建设，增强公众的获得感、幸福感和安全感。

第二章 理论基础和分析框架：韧性理论视域下的风险精细化防控

特大城市运行安全风险精细化防控工作是一个非常复杂的系统工程，需要从理论角度来分析特大城市运行风险生成的根源，为从源头上防控城市运行风险提供理论指导。韧性理论是当前学术界研究安全风险管理重要的理论范式和工具，它能为分析城市运行安全风险生成及其控制路径提供理论支撑。在韧性理论视域下探讨城市运行安全风险精细化防控分析框架，为特大城市运行安全风险精细化防控机制建设提供理论指导和理论工具。

一、韧性理论为特大城市运行安全风险防控提供理论分析工具

德国著名社会学家乌尔里希·贝克认为后工业化时代人类进入

了风险社会，这些风险是科技发展和人类文明进步带来的。风险是一把双刃剑，既可能是社会发展的内生动力，也可能是社会危机产生的根源。因而，研究者们从不同角度来研究管控风险和提高风险抵抗力的理论，其中，部分研究者将"韧性"（resilience）理论范式引入风险治理和应急管理研究领域，为风险治理和应急管理提供了一个新的理论视角和研究范式。

（一）韧性的内涵

"韧性"概念最先是生态学、环境学、城市规划学领域研究的主要理论范式，随着研究的深入和拓展，"韧性"一词被引入更多的研究领域，包括生物学、教育心理学、组织管理学、社会工作、应急管理等领域。关注的重点也从被动的"脆弱性"转为主动的"韧性"，主要是运用到应对大量的不确定性风险变化的研究。

"韧性"一词最初源于机械力学与工程学，指某一物体在受到外力变形后回到原始状态的能力。[①]Holling 在 1973 年首次将"韧性"这一概念引入生态学领域中，对生态系统中的稳定性和韧性进行了区分，认为稳定性是对系统在短暂的扰动后恢复平衡状态的能力的度量，而韧性是对系统受外部因素变化影响并仍然持续存在的能力的度量。[②]学界普遍认可风险情境下的韧性本质是一种能力。"韧

---

① 朱华桂：《论风险社会中的社区抗逆力问题》，《南京大学学报（哲学·人文科学·社会科学版）》2012 年第 5 期。

② Holling CS. Resilience and stability of ecological systems. Annual Review of Ecology and Systematics，1973，（4）：1—23.

性"最基本的含义是系统所拥有化解外来冲击，并在危机出现时仍能维持其主要功能运转的能力，[①] 也有人称其为"恢复力"。具体而言，主要有"应对能力""转化能力""保持能力""可持续能力"四种划分。"应对能力"即城市系统变化重组前能够吸收与化解变化的能力，[②] "转化能力"即将积极的机遇因素转化为资本的能力，[③] "保持能力"指吸收外界干扰并保持原有主要特征、结构及关键功能的能力，[④] "可持续能力"指在风险过程中进行动态调整和对负面影响的积极适应，保持可持续发展的能力。[⑤] 从以上关于"韧性"内容的研究来看，韧性至少包括系统面对风险时的应对、转化、保持、可持续等四种能力，确保系统免遭风险的侵蚀，保持系统的稳定性。

随着对于"韧性"理论的深入研究，人的主观能动性及有效的

---

① Zhou H，Jing'ai Wang，& Wan J，et al. Resilience to natural hazards：a geographic perspective. Natural Hazards，2010，（1）：21—41.

② Alberti M，Marzluff J M，& Shulenberger E，et al. Integrating Humans into Ecology：Opportunities and Challenges for Studying Urban Ecosystems. BioScience，2003，（53）：1169—1179.

③ Berkes F，Colding J，& Carl F. Navigating Social-ecological Systems：Building Resilience for Complexity and Change. Cambridge：Cambridge University Press，2003：416.

④ Resilience Alliance. Urban Resilience Research Prospectus. Australia：CSIRO，2007.

⑤ White R K，Edwards WC，& Farrar A et al. A practical approach to building resilience in America's communities［J］. American Behavioral Scientist，2015，（2）：200—219.

集体行动成为韧性研究中的重要来源；[①]一些学者通过构建模型及框架对韧性的概念进行拓展，发现风险领域中的韧性受整体系统内多种因素相互作用的影响，极大地丰富了韧性的内涵。至此，关于韧性研究的内容大大拓展，不仅仅关注系统固有的客观方面能力，还特别关注人的主观能动性和集体行动的力量推进系统抵御风险的能力。国内大部分研究者从静态视角认为韧性是一种适应、恢复、抗干扰能力，少数学者将其视为一种动态过程，如樊博将韧性界定为系统能够积极抗御和适应风险灾害的冲击，既包括通过风险因素与保护因素的互动机制发挥自组织作用的内在特质，也包括在动态地应对过程中，通过多样性策略调用冗余资源和启动重构，以快速实现减灾和恢复常态的能力。[②]

从上面文献可看出，韧性是风险管理和应急管理研究领域一个新的研究范式，主要包括静态和动态两个层面的能力：静态层面主要指系统面临风险时本身具有的适应、恢复及抗干扰的能力；动态层面主要指人或集体面对风险影响时，充分发挥主观能动性，发挥经济、社会、组织和技术等系统的作用，从而实现适应风险和控制风险的过程。因而，"韧性"是一个复合的系统概念，既包括静态的相关要素，也包括动态的相关要素，是一个多种要素综合的复杂系统。

---

① Pfefferbaum B J，Reissman D B，& Pfferbaum R L，et al. Building resilience to mass trauma events. Handbook of Injury and Violence Prevention. 2007.

② 樊博、聂爽：《应急管理中的"脆弱性"与"抗逆力"：从隐喻到功能实现》，《公共管理学报》2017 年第 4 期。

（二）城市韧性构成要素和内容

风险管理领域中对于"韧性"的研究也在不断拓展，以城市为单位进行研究不仅要关注城市本身，更需关注城市与个体、城市与社区、城市间以及城市与国家间的关系，这有利于更加全面地了解城市韧性的构成要素。学术界重点关注城市系统及社区韧性构成要素的相关文献，为特大城市运行风险防控能力建设提供理论指导。以下是以城市韧性构成要素为视角进行的分析：

1. 城市韧性构成要素

城市韧性构成的内容非常丰富和复杂，就城市韧性社区建设来看，在城市社区韧性构成要素研究上，国外研究者主要从客观的社区环境的韧性以及主观的社区居民韧性两个层面进行研究：

一是从社区内政治、经济、社会、生态环境以及社区硬件设施等资源出发探究构成社区韧性的要素。如 Noriss 提出社区韧性是社区面对风险的防灾抗险重建的动态过程，这个过程需要社区在面对风险时进行适应并不断进行抗逆改进，他认为这个韧性动态过程是经济发展、社会资本、信息沟通与社区能力要素相互交错形成的一个网络适应能力模型，即从四个因素中获取相应资源完成内外部韧性的结合。[①] 从这个角度来看，城市社区的韧性主要从社区所处的

---

① Norris F H，Stevens S P，& Pfefferbaum B，et al. Community Resilience as a Metaphor，Theory，Set of Capacities，and Strategy for Disaster Readiness. American Journal of Community Psychology，2008，（1—2）：127—150.

地理位置、建筑物、经济发展、社会资本、信息沟通及社会制度等客观因素分析，为研究社区韧性提供了静态的视角和领域。

二是强调从社区居民出发探究社区韧性的影响因素，强调社区居民的主观能动性以及居民间的关系网络和集体行动。如 **Landau** 认为一个具有韧性的社区是在面对风险时进行相互协作，主要包括了社区能力、社区系统方法论、社区应对灾害的系列规划实施和社区具有变革潜力与有效推动变革的资源，这些都在社区能力范围内，通过合作与相互支持，社区能战胜困难和逆境。[①] 从动态的视角来看，城市社区韧性的要素包括个体应对灾害能力、集体行动、相互协作、再组织能力等主观能动性方面的要素。

从以上文献梳理可以看出，社区韧性研究一方面包括静态层面的社区环境硬件及资源条件要素提供抵御风险的能力；另一方面则从动态层面发挥个体和组织的作用，形成集体的行动能力，提高抵御风险的能力。

2. 韧性评估要素和内容

通过梳理文献发现，国外研究者对地方或社区韧性的评估也作了大量研究，尽管学者们的研究角度不一样，但从社会、经济、组

---

① Landau J. Enhancing Resilience：Families and Communities as Agents for Change. Family Process，2007，（3）.

织及物理等四个维度进行评估还是得到公认的。社会维度主要包括基本的社区特征，除此之外，Cutter（2010）[1] 及 Renschler（2010）[2] 在韧性的评估中重视社区资本及文化资本，从社会内部人际关系角度评估灾害中受灾主体的适应及恢复能力。经济维度及物理维度分别从社区的经济系统及物理系统包括基础设施以及应急准备等方面进行评估。组织维度方面，完善的应急制度体系、应对灾害时社区组织或政府的组织能力和领导能力以及由此形成的系统化的灾害管理都能够对城市社区韧性进行评估。从以上可以看出，城市社区韧性评估的内容和要素很多，但主要还是从社会、经济、组织和物理四大维度进行评估，这为城市韧性的结构要素和提升路径明确了具体方向和思路。

国内研究者主要在借鉴国外韧性评估指标研究的基础上，结合中国具体情况，构建指标并对城市及社区的韧性进行量化分析。胡曼、郝艳华、宁宁等人将 Pfefferbaum 的 CART[3] 量表中国化，扩展了以前的四个维度，即在社会、经济、组织和物理四大维度基础

① Cutter S，Burton C. & Emrich C. Disaster Resilience Indicators for Benchmarking Baseline Conditions. Journal of Homeland Security and Emergency Management，2010，（7）.

② Renschler C S，Frazier A E，& Arendt L A，et al. Developing the "PEOPLES" resilience framework for defining and measuring disaster resilience at the community scale，Proceedings of the 9th US national and 10th Canadian conference on earthquake engineering. 2010：25—29.

③ Pfefferbaum RL，Pfefferbaum B，& Nitiema P，et al. Assessing community resilience：an application of the Expanded CART Survey Instrument with affiliated volunteer responders. American Behavioral Scientist，2015，（2）：181—199.

上增加了信息与沟通的维度，并经过信效度检验，发现改进后的CART 量表可以广泛用于中国的社区韧性评测中。① 朱华桂将影响社区韧性的关键指标最终归结为物理因素、制度因素、人口因素和经济因素四大维度。② 周利敏从人类资本、社会公平、人口构成、社区认同和社区参与等方面探讨了社区韧性的评价维度。③ 杨威从应急管理的角度对社区韧性进行了评估体系的研究，从情景认知能力、抗灾能力、转化能力、社会资本和脆弱性方面对社区的韧性水平进行一级指标的建立。④

（三）韧性城市建设的具体维度

韧性城市建设的领域比较广泛，就社区韧性的具体维度来看，国内外研究者构建了多种评估模型。如 Cutter 等建立的社区基准韧性指数（BRIC）包括了社会韧性、经济韧性、制度韧性、基础设施韧性和社区资本等维度。⑤ 朱华桂从物理、制度、人口和经济等四

① 胡曼、郝艳华、宁宁、吴群红、康正、郑彬：《应急管理新动向：社区抗逆力的测评工具比较分析》，《中国公共卫生管理》2016 年第 1 期。

② 朱华桂：《论社区抗逆力的构成要素和指标体系》，《南京大学学报（哲学·人文科学·社会科学版）》2013 年第 5 期。

③ 周利敏：《韧性城市：风险治理及指标建构——兼论国际案例》，《北京行政学院学报》2016 年第 2 期。

④ 杨威：《应急管理视角下社区柔韧性评估研究》，大连理工大学 2015 年。

⑤ Cutter S L，Burton C G，Emrich C T. Disaster resilience indicators for benchmarking baseline conditions［J］. Journal of homeland security and emergency management，2010，7（1）.

大维度构建了社区韧性的评价指标。[①] 结合国内韧性社区研究现状，我们从如下探讨韧性社区的主要维度：

1. 组织韧性

韧性社区的建设需要包括政府和非政府组织在内的多元行动主体共同参与，形成以政府为主导、多元协同的治理结构。提升社区组织韧性，关键在于发挥基层政府和社区"两委"对社区应急资源的整合功能，调动社区居民、企业和社会组织等多元主体协同应对外部突发事件扰动。[②] 一是具备对多元主体的动员与吸纳能力，实现其对风险或灾害的广泛响应与治理的主动参与；二是具备对多元主体的领导与协调能力，尤其是通过党的建设形成各主体间良性循环的共同监督与共同管理效应，打造韧性的社区治理共同体；三是具备对外部风险的学习与应变能力，能够保证组织架构的稳定性与灵活性、集中性与分散性之间的平衡。

2. 制度韧性

制度建设是有效协调各要素间相互作用的行动保障，是韧性社区风险治理体系的方向指引。[③] 社区制度韧性建设的核心在于加强应急管理的"一案三制"建设。一是提升社区应急预案动态化管理

---

① 朱华桂：《论社区抗逆力的构成要素和指标体系》，《南京大学学报（哲学·人文科学·社会科学版）》2013 年第 5 期。

② 颜德如：《构建韧性的社区应急治理体制》，《行政论坛》2020 年第 3 期。

③ 段亚林：《韧性社区：突发事件风险治理新向度》，《甘肃行政学院学报》2021 年第 2 期。

水平，分类编制针对辖区风险特征、全流程覆盖的各项应急预案，并进行动态调整和修订；二是构筑高效联防的社区应急管理体制，拟定综合应急管理体系工作职责，细化各主体在基层应急中的职责清单与合作机制；三是健全社区网格标准化应急处突工作机制和全周期管理机制，减少基层隐患防范和处突工作的盲目性、被动性，构建社区风险评估、监测和预警体系；四是开展韧性社区法治制度体系建设，加强韧性社区应急法治培训和宣传，提高韧性社区治理制度的执行力。

3. 社会韧性

社会韧性是社会各个主体在威胁或者灾难来临时能够保持理性，不放大危险。[①] 社区社会韧性反映了社区内部的社会整合程度、社会资本的发育状况以及社区成员的文化与心理特征。增强社区社会韧性，一是需要强化社区社会资本建设，提升居民的适应能力、自我服务能力和连接内外资源的能力；二是需要加强社区风险教育，增强居民的安全与应急意识，培养具备领导力和影响力的社区组织者；三是需要加强社区居民的社会心理服务建设，培育韧性社区文化，增强居民的心理韧性和公共参与能力。

4. 经济韧性

韧性社区的建设和发展首先建立在强大的物质资源条件之上。所谓社区的经济韧性，可理解为社区拥有多元化的经济结构、就业

---

① 仇保兴：《构建面向未来的韧性城市》，《区域经济评论》2020 年第 6 期。

结构和良好的就业弹性，社区经济活动以低碳可持续的方式开展。[①]良好的经济发展在一定程度上能够带动社区基础设施投入的增加，提升社区风险治理基础建设能力，为社会资源的有效整合和统筹调配提供经济支撑。良好的生态环境是社区生产生活的基础需求，环境的破坏则是引发风险的源头之一，自然环境的状态严重影响着韧性社区的适应、抵抗和恢复能力。[②]

5. 空间韧性

物理空间维度的韧性社区依托充足的应急物资储备和合理的应急基础设施布局，提高社区应急物资和设施的冗余性、鲁棒性。韧性社区的应急基础设施主要包括固定基础设施设备和公共卫生医疗产品设备等，注重采用新技术、新材料、新设备等，配置光电、风力等新能源设施，维持社区在风险防控期间的交通、通讯、能源等基本运营能力。社区内的建筑空间本身要坚固安全，社区生活圈规划中要合理布局多样化的避灾避难空间和物资储备空间，储备必要的急救、医疗、食品等应急资源，保障关系民生的米袋子、菜篮子。[③]

6. 技术韧性

社区技术韧性就是运用物联网、大数据、人工智能等信息科学

---

① 仇保兴：《构建面向未来的韧性城市》，《区域经济评论》2020 年第 6 期。

② 段亚林：《韧性社区：突发事件风险治理新向度》，《甘肃行政学院学报》2021 年第 2 期。

③ 吴晓林：《城市社区如何变得更有韧性》，《人民论坛》2020 年第 29 期。

技术来实现社区应急治理的信息化、智能化、精准化和效益性。[①]
科技赋能韧性社区建设，主要体现在风险预警监测、数据资源有效
共享、评估指标动态分析等方面。提升社区技术韧性，一是需要建
立系统完备的数据资源共享网络，持续完善社区人口和风险信息管
理体系；二是实现智慧技术对风险全周期管理的赋能，甚至实现风
险管理的跨周期设计和调节。最终，形成集感知、运算、执行和反
馈于一体的智慧社区运作闭环。

（四）韧性城市建设的基本框架

韧性城市的基本框架可以用下面的三圈层结构图（图2-1）表
示。在核心圈内，韧性城市由四种基本能力构成，包括预防能力、
抵抗能力、恢复能力和适应能力，这四种能力即代表了韧性城市所
具有的核心内涵和目标要求。从核心圈往外到第二圈层，韧性城市
由六种功能属性所构成，分别是多样性、鲁棒性、冗余性、快速性、
能动性和包容性，这些属性代表了韧性城市所具有的结构特征。最
外部的第三圈层，韧性城市由六个维度的因子所构成，包括组织韧
性、制度韧性、社会韧性、经济韧性、空间韧性和技术韧性，它们
代表了影响城市韧性的六个关键变量，是韧性城市建设的路径指向。
核心圈与第二圈层的内容相对而言更深入韧性城市的本质属性，更

---

① 施生旭、周晓琳、郑逸芳：《韧性社区应急治理：逻辑分析与策略选择》，《城
市发展研究》2021年第3期。

加具有抽象性、内隐性和原则性；第三圈层的内容则相对更可操作化，由外而内支撑前两层目标的实现。

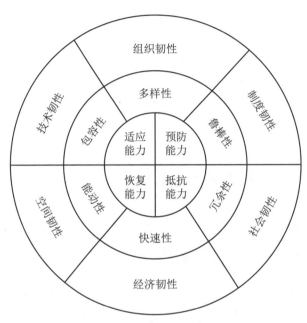

图 2-1 韧性城市三圈结构图

根据"韧性"理论范式提供的框架，我们分析了特大城市面对运行安全风险这种人为和自然叠加在一起综合性风险时的能力结构以及能力建设的路径和维度，为运行安全风险防控能力建设和提高城市韧性提供理论指导。从韧性理论来看，韧性城市建设可以从增强空间韧性、组织韧性、制度韧性、社会韧性、经济韧性和技术韧性等多个维度建设，聚焦城市运行安全风险防控，提升城市运行的免疫力、抗逆力和响应力。通过提高城市运行安全风险辨识与评价能力、应急预案准备能力、监测预警及沟通能力、指挥与协调能力、信息交流与全员参与、前期控制和响应、资源保证等全方位防控运行安全风险的能力，促进城市运行安全风险防控能力持续提升，保障人民生命安全和身体健康。

二、精细化治理理论为特大城市运行安全风险防控机制建设提供理论工具

"精细化治理"作为近年来出现的学术词汇，在学术界和实务界都引起人们高度关注，成为城市治理和社会治理的重要价值追求。它既有丰富的实践内涵，也有着深厚的研究底蕴。从实践来看，"精细化治理"是在国家提出"社会治理精细化"背景下出现的一种政治话语和管理理念，这一理念和范式最早是来源于企业管理领域，即由"精细化管理"发展而来。我国企业早在20世纪就引进了"精细化管理"的理念，如海尔集团从20世纪80年代开始实行的OEC管理法，但我国政府和学界对精细化管理理念的关注则始于21世纪初。从研究历程来看，"精细化"的概念被一些学者追溯到了由泰勒发起的科学管理运动，经过"全面求质量运动""精益生产"等阶段的发展，逐渐由企业管理领域拓展到公共管理领域。与企业管理领域相比，国内对精细化理念运用于政府管理领域的研究相对滞后，对自身相关研究现状、研究主题和实践状况亦缺少系统回顾和梳理。特别是在经过近20年的实践探索和理论研究后，对上述理论成果进

行系统研究、总结和反思就显得尤为必要。这不仅有助于该领域进行自我审视,重新明确未来研究方向,也有助于了解理论研究活动与实践活动之间的互动过程,以实现两者的相互促进。因此,试图从现有的国内研究文献出发,借助文献计量工具和知识图谱可视化手段,对该领域的研究主题和实践问题进行逐一梳理和归纳,为特大城市运行安全风险精细化防控机制建设提供理论指导。

(一)研究设计

1. 研究方法与工具

对文献的梳理主要采取文献计量和内容分析两种研究方法。文献计量主要利用词频统计、共现矩阵分析、关键词突发性探测和网络节点中介中心性计算等数理方法实现对文献的初步挖掘,而内容分析主要是在归纳和整理文献详细内容的基础上进行批判性研读和分析。同时,将利用科技文本挖掘和可视化分析软件 Citespace,对中国知网收录的精细化治理研究文献进行计量分析和知识图谱可视化呈现,从而揭示该领域的总体研究现状、研究热点以及主题演进趋势。为了弥补机器分析的不足,还将在软件分析结果的基础上对文献内容做更深入的人工挖掘和分析,以更加全面地展示该领域的研究情况。

2. 数据获取、数据处理和分析

本文以 CNKI 数据库作为文献计量分析的数据来源,选择高级检索功能进行精准检索,检索式为"主题 = 精细化治理 or 精细化管理 or 精准治理 or 微治理,时间 =2001—2023,精准匹配,文献类型＝期刊，期刊来源＝北大核心期刊 or CSSCI 期刊"，文献分类同时勾选"社会科学Ⅰ辑""社会科学Ⅱ辑""经济与管理科学"。按照以上方式共检索到文献 1831 篇，经过对题目、摘要和关键词的人工筛选，并剔除会议论文、报纸文章、专栏导语等文章后，最终获得有效样本文献 235 篇，其中最早的文献出现在 2006 年 10 月 3 日，最迟的出现在 2023 年底。这些文献即为本书研究的主要文献来源。在人工筛选过程中，去除了有关农村"精准扶贫"和非公共管理领域的文献，最终获得的文献数量不足 500 篇。因此，为防止遗漏重要文献，在人工阅读阶段也兼顾了相关的专著、书籍和学位论文。

在获取文献样本之后，笔者依次进行了数据清洗、数据录入和结果输出三个环节的工作。首先进行数据清洗，包括剔除无效作者和机构、合并语义相同的关键词和类属相同的机构名称，从而得到原始分析数据。其次，通过 Citespace 自带的格式转换功能，将原始数据导入软件并转换为可供 Citespace 直接使用的数据格式，之后再建立分析项目。最后，进行参数调整和分析结果显示。在参数设置上，将时间切片设为 1 年、分析阈值设为 Top50、网络裁剪类型设为"寻径"（Pathfinder），其他参数为默认设置或根据需要进行相应调整。

（二）研究现状

1. 发文量分析

如图 2-2 所示，截至数据检索时间，通过对中国知网收录的相关核心期刊文献的整理，本文共获得的文献总量为 235 篇。从总体来看，该领域积累的核心文献不足 300 篇，在 2006 年到 2015 年期间，文献总量只在 5 篇以内，呈现出缓慢增长或停滞的趋势，而在 2016 年以后则迅速增长。

首先，该领域核心文献数量较少，主要有两个原因：一是由于该领域自身的一些基本问题尚待解决，制约了该理论的发展，这一点将在下文进行深入讨论。二是由于采取了较为严格的文献检索和筛选规则，包括将学科范围限定在政府公共管理以内，剔除了讨论有关农村场域"精准扶贫"的文献，以及对论文学术性的严格要求。这些行为使得能够进入本书分析范围的文献数量相对有限。

其次，在 2016 年之前，该领域的核心论文数量增长缓慢，相关研究成果呈现出零星积累的态势，这主要是与学科属性和政策话语体系的演进有关。在这一时期，国内精细化治理研究多为学者自发推动，从其他相关领域引入精细化理念来研究政府管理实践中的具体问题。但由于未能突破自身研究范式的局限性，学术研究尚处于理论基础的探索阶段，加上相关理念尚未进入政策层面，使得这一时期的研究广度有限，也未能激发学者广泛的研究热情，因此研究成果也较为有限。

最后，从 2016 年开始，该领域的研究成果开始迅速增长，这与 2015 年下半年召开的党的十八届五中全会密切相关。在会议公报中，"加强和创新社会治理，推进社会治理精细化，构建全民共建共享的社会治理格局"的表述意味着，"精细化治理"正式进入了国家政策话语体系，这推动了此后一段时期研究的热潮。

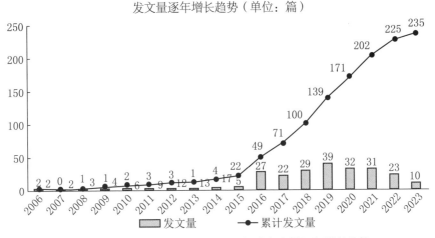

图 2-2 2006—2023 年精细化治理领域发文量逐年增长趋势

2. 研究热点分布

关键词不仅是检索文献的渠道之一，也是分析文献的研究主题和研究热点的重要线索。借助 Citespace 软件的关键词共现分析功能，可以有效地发现某个研究领域的研究热点、研究主题及其演进趋势。结合了软件分析和人工分析两种方法，也结合了期刊文献的分析和其他类型文献的分析，对国内精细化治理研究领域的热点、主题及其演进进行了探索。

（1）基于词频统计的研究热点分布

根据软件生成的关键词分布图，可以直观地观察到精细化治理领域研究热点的大致分布。在图 2-3 中，词频最高的前 8 个关键词依次是：精细化治理（35 次）、微治理（25 次）、精细化管理（24 次）、社会治理（22 次）、精准治理（21 次）、社会精细化治理（18 次）、精细化（15 次）、城市社区（15 次），其余均为 15 次以下（为提高图像可读性隐藏了部分词频较低的关键词）。这表明，"微治理""社会治理""城市社区"等关键词成为目前精细化治理研究领域的主要研究热点，而"精细化治理""精细化管理""精准治理"等检索词反映了这一领域的共同研究主题。

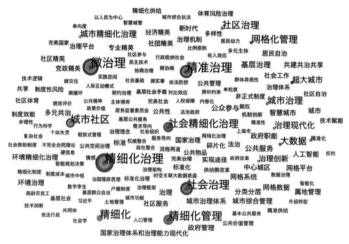

图 2-3　关键词词频分布

（2）基于中介中心性统计的研究热点分布

关键词的中介中心性数值的大小反映了其在网络中所起到的连接作用的大小，数值越大说明其连接的关键词信息越多，在网络中起到的枢纽作用也越强。在表 2-1 的词频大于等于 2、中介中心性大于等于 0.15 的 16 个关键词中，除"精细化""精准治理"等词频位于前 8 位外，剩余 8 位显示出了较高的中介中心性。这表明，"社区治理""网格化管理""基层治理""政府职能""流程再造""城市治理""治理现代化"等词具有强大的辐射功能，它们在精细化治理的研究领域内充当了桥梁中介的作用，与其他高频关键词一起构成了研究热点。

表 2-1 关键词中中介中心性统计

序号	关键词	中介中心性（Centrality）	序号	关键词	中介中心性（Centrality）
1	精细化	0.64	9	政府职能	0.28
2	社区治理	0.43	10	精细化管理	0.27
3	精准治理	0.41	11	流程再造	0.27
4	网格化管理	0.41	12	城市治理	0.25
5	微治理	0.37	13	社会精细化治理	0.23
6	社会治理	0.34	14	城市社区	0.19
7	基层治理	0.33	15	网格化	0.18
8	精细化治理	0.32	16	治理现代化	0.15

（3）基于关键词聚类的研究热点分布

对关键词进行聚类可以进一步发现关键词之间的分类属性，形成理论上更加聚合的研究热点。借助 Citespace 软件的聚类功能，将网络裁剪类型（Pruning）设置为"寻径"（Pathfinder）并设置好其他原始参数以后，依次点击"可视化""发现聚类""关键词提取""对数似然算法"等按钮，最终形成如图 2-4 所示的聚类效果图。图中显示，网络模块性参数 Q 值为 0.4014>0.3，聚类相似性指标 S 值为 0.9719>0.7，表明聚类结果具有可信度，聚类效果良好。从图中可以观察到，软件共生成了 10 个聚类，按规模依次为"精细化""微治理""社区治理""精准治理""社会精细化治理""治理""精细化治理""社会治理""城市社区""精细化治理"。

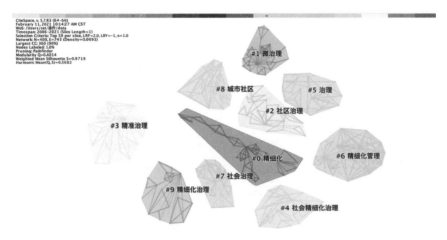

图 2-4 关键词聚类效果

分析结果表明，基于关键词聚类的研究热点与基于词频统计的研究热点基本重合，印证了社会层面与城市社区层面的精细化治理是当前最受关注的两大次级研究领域。

（三）精细化治理研究的主题演进和框架体系

1. 关键词历时分布与突发性探测

将关键词以时区分布图的形式进行展现，可以动态地把握相关研究热点随时间的演进特征，而对关键词的突发性进行探测，能够揭示出研究热点在各个时间的活跃度，进而为未来趋势的预测提供参考。研究结果显示，"精细化管理"作为最早出现的关键词首先出现在 2006 年，并在 2011 年之前与"社会管理""政府管理""网格化管理"等关键词组成了这一时期的主要研究内容。从 2012 年开始，

"治理""城市社区""微治理""社会治理"等成为新的研究热点，直到 2016 年"精准治理"的出现，与精细化治理相关的关键词开始大量出现，反映了该领域热点的总体演进趋势。

经过对阈值的调整后，利用软件自动生成了关键词的突发性探测报告。报告显示"精细化管理""社会管理""网格化管理"三个关键词分别在 2006—2015 年、2009—2016 年、2011—2017 年三个时间段内突现，成为精细化治理研究领域内突现时间最长的研究热点，这表明它们曾作为主导性研究热点长期活跃在研究者研究领域当中。在政府改革的推动下，"部门预算""流程再造"等政府内部精细化管理问题也在 2011 年和 2013 年左右一度成为活跃的研究热点。最后，"社会精细化治理""大数据""社区治理"等关键词作为近 5 年左右突现的研究热点，反映了该领域研究范式的变化以及研究视野的拓展。

综合以上分析结果，再结合后期对文献的人工阅读，可以将精细化治理研究热点的演进划分为 3 个阶段：精细化管理、精细化治理和精准治理，不同时期往往具有不同的层级研究主题。

2. 精细化治理研究主题的阶段性演进和内涵变迁

（1）精细化管理

由于受科层制管理思想的影响，加上传统政府管理方式的"粗放化"造成了政府行政的低效，国内一些学者开始将诞生于企业管理中的精细化管理理念和思维应用到政府管理领域中，并主张以精细化的管理方式来替代传统的管理方式，从而实现政府行政效率的提升。在实践中，一些地方和部门也开始探索精细化管理的实践形式，如以北京、上海为代表的"网格化管理模式"、以深圳为代表的"桃园模式，以及在财政部门进行的"税务精细化"等，都成为学者关注的精细化管理现象。

从研究主题来看，这一时期的研究者主要讨论如下基本问题：何为政府精细化管理？政府精细化管理何以必要？政府精细化管理何以可行？如何实现政府精细化管理？

首先，对于何为"政府精细化管理"，国内学者主要从企业精细化管理的理念出发对其内涵、特征及构成要素进行界定。从内涵来看，政府精细化管理被认为是"以科学管理为基础，以精细操作为特征，致力于降低行政成本，提高行政效率的一种管理方式"，[1] 即引入精细化的理念与原则，利用更低的成本、更专业的管理手段，实现更优质、更关注细节和更加人性化的管理效果。从特征来看，政府精细化管理强调"精、准、细、严"、追求"管理理念人性化、管理过程细节化、管理手段专业化、管理效果精益化以及管理成本精算化"[2]。因此从内涵特征来看，精细化管理包括了管理理念、基本方法，到技术工具和具体应用等不同层次的内容。

其次，对于政府精细化管理何以必要的问题，学者分别从社会分工精细化、服务需求精细化、政府改革深化等方面进行了分析。

---

① 温德诚：《政府精细化管理》，新华出版社 2007 年版，第 15—20 页。

② 麻宝斌、李辉：《政府社会管理精细化初探》，《北京行政学院学报》2009 年第 1 期。

一方面，社会分工加速发展、利益的多元化以及价值取向的多样化等趋势使得政府面临的社会管理问题越来越复杂，管理任务越来越艰巨，对政府提高管理的专业化水平、降低行政成本、满足多样化的服务需求提出了更高的要求。另一方面，由传统的粗放式管理造成的生态恶化、资源浪费、安全事件多发、公务员腐败等问题，最终造成了执行力低下的问题。[①]

再次，对于政府精细化管理何以可行的问题，学者从两个不同的角度进行了讨论。从有利因素来看，政府与企业面临着相似的组织管理问题，如成本效率问题、执行力问题、衔接配合问题[②]，因而可以运用同样的思路来加以解决。与此同时，将精细化管理原则引入政府社会管理领域也面临着现实的阻力，如难以在短期内形成精益化的行政文化、政府规模过于庞大、缺乏成本核算和追求效益的动机、评估和激励有限、管理范围过宽、管理对象众多、管理问题复杂以及管理非常态化程度较高等众多问题。[③]

最后，对于政府精细化管理的实现方法问题，有学者认为存在一些具有共性的方法能够落实精细化理念，如运用"细化、量化、流程化、标准化、协同化、经济化、实证化、精益化"等方法，通过"战略设计系统化、执行框架标准化、评估指标数据化、责任落

---

①② 温德诚：《政府精细化管理》，新华出版社 2007 年版，第 31—64 页。

③ 刘明君、刘天旭：《精细化管理与基层政府治理创新——以桃园模式为例》，《甘肃社会科学》2010 年第 4 期。

实明确化以及管理技术信息化"①，再结合具体的技术和工具，推动精细化管理目标的实现。也有学者发现，在具体的实践领域，不同问题指向的行业会采取不同的精细化管理手段，如在一些地方财政部门，预算精细化管理主要是通过制定预算管理办法来实现，而在城市规划部门，精细化的规划编制需要在控规编制前开展深入的城市设计研究，以强化城市规划的科学性和可实施性。

综上分析，可以得出在精细化管理阶段，国内的研究存在一些共性特征：第一，关注精细化管理的基本内涵、应用价值和应用前提等"元问题"。这些问题的探讨不仅促进了学界对政府精细化管理的认识，也为后来研究提供了理论分析的起点；第二，在研究视角上普遍采取一种政府导向的管理主义思维，主要关注政府自身的微观精细化运作和执行效率的提升，而极少研究其他社会主体的多元参与、政府治理的主动性以及精细化管理技术的提升等；第三，在研究方式上多采用规范的研究方法，从企业管理、新公共管理、新公共服务等理念出发进行理论演绎，或者仅采用单案例研究来对观点进行例证。少数经验研究也只涉及实践模式的总结和归纳，并未进行较多理论上的创新。

（2）精细化治理

随着"治理"、"社会治理"等范式在政策文件和学界被提出，

---

① 麻宝斌、李辉:《政府社会管理精细化初探》,《北京行政学院学报》2009年第1期。

国内学者开始主张将"政府精细化管理"的研究视野扩大到"社会精细化治理"，进而推动了研究范式的转变。与此相对应，这一时期学者关注的研究主题也发生了显著变化，主要包括：精细化治理的内涵，精细化治理在城市尤其是基层社区的实现形式，精细化治理与政府治理创新的关系等主题。

首先，对于精细化治理的内涵，学者在界定上更加突出了"回应性""人性化"等服务特征，改变了以往对政府精细化管理界定中对社会服务需求关注的缺失。比如，有学者从"技术"与"服务"两个维度，将社会精细化治理理解为"在行政管理的程序与机制上多做努力，做到以科学管理促进科学发展，又要在增强社会诉求回应性方面下功夫，以社会参与提升治理的灵敏度与细致化程度"。①还有学者则更突出了结果导向，将精细化治理界定为在社会治理活动中引入精细化理念与原则，利用更低的成本、更专业的治理手段，实现更优质、更关注细节和更加人性化的治理效果。②

其次，探索在城市特别是城市基层治理中精细化的实现形式，也成为学者关注的主题之一。一些学者首先关注了社区治理精细化转型的实现条件，认为政府与社会及自治组织责任的清晰化、不同治理主体职能关系的分类互动、官方和社区领袖拥有独立的身份和

---

① 蒋源：《从粗放式管理到精细化治理：社会治理转型的机制性转换》，《云南社会科学》2015 年第 5 期。

② 陆志孟、于立平：《提升社会治理精细化水平的目标导向与路径分析》，《领导科学》2014 年第 13 期。

权威来源等是实现社区治理精细化的基本条件。① 还有学者关注到了在传统"政府精细化管理"范式下，城市基层的网格化管理模式在走向规范化和精细化的同时，也导致了管理层级增加、管理功能泛化、管理成本放大、管理问题程式化、自治空间受压缩、新碎片状态出现等问题。与此同时，一种新的社区治理模式——"微治理"也在实践中兴起，成为一种重要的选择。对此，有学者总结认为，通过微结构、微机制、微项目、微参与的创生和推进，可以实现基层社会的差异化治理和精细化治理。② 这种治理形式具有的基层性、公民需求的基本性、完善基层自治功能的目标以及与基层政权紧密结合等特性，决定了其作为社会治理创新的重要基础和载体的地位。

最后，探索了精细化治理与政府治理创新的关系。从政府职能转型的角度看，精细化管理是现代政府治理的趋势，也是政府管理实现科学化、规范化、法治化、高效化的有效途径。政府职能转变为实现精细化社会治理创造了前提条件，而精细化治理理念则为深化政府职责配置提供了技术路径方面的选择。以数据的深度挖掘为特点的大数据时代的来临，促使管理模式走向精细化，"技术—治理"型逻辑成为政府社会精细化治理的内在机制，既包括以管理和

---

① 王巍：《社区治理精细化转型的实现条件及政策建议》，《学术研究》2012 年第 7 期。

② 宁华宗：《微治理：社区"开放空间"治理的实践与反思》，《学习与实践》2014 年第 12 期。

技术为导向的"精明行政"，也反映其他社会主体的参与和互动。①
从纵向管理体制来看，精细化的治理体制能减少科层结构的代理成
本问题，激活良性的社会治理和监督力量，并促进基层民主的增量
发展。②

综上分析，可以得出在精细化治理阶段，国内学者研究存在的
共性主要有：第一，研究视野突破了政府精细化管理的内部边界，
开始关注精细化治理中的需求回应、社会参与、政府职能转变等问
题，并探讨精细化治理与政府治理创新，尤其是城市基层治理创新
之间的互动关系。第二，在研究视角上，"治理""技术治理"等范
式开始受到关注，"政府治理""社会治理"常常成为学者讨论精细
化治理的逻辑参照，"多元参与"逐渐成为精细化治理的价值诉求，
"数据思维"开始融入研究者的分析视野。第三，在研究方式上，研
究者并未完全实现方法的转换，规范研究仍是这一时期的主导方法，
单案例分析是主要的经验研究方法。

（3）精准治理

随着"社会治理精细化"进入政策话语体系，精细化治理的研
究成果在此阶段出现大幅增长。但与此同时，以过程为导向、关注
微观机制运行、强调技术理性的精细化治理也面临着一系列内在的

---

① 蒋源：《从粗放式管理到精细化治理：社会治理转型的机制性转换》，《云南社
会科学》2015 年第 5 期。

② 王巍：《社区治理精细化转型的实现条件及政策建议》，《学术研究》2012 年第
7 期。

困境和外在的挑战，成为学者讨论的议题。一些学者从"精准扶贫"实践中获得启发，提炼出"精准治理"的概念，主张以精准治理来替代精细化治理，逐渐成为这一时期的研究趋势。研究主题主要有：精准治理的内涵、精准治理的实现机制等。

对于精准治理，学界尚未构建起完整且系统的理论框架，相关研究主要涉及精准治理的内涵、特征、实现机制、运行模式等基本问题的探讨。

在内涵上，有学者从理念建构的角度出发，认为精准治理是针对中国现阶段存在的"社会短板问题"和全球范围文明冲突挑战而提出的一种"现代性"建构意义上的概念，强调的是"以人为本"。[1] 但也有学者认为，精准治理的发展主要是受到了后现代社会思潮的影响，体现了对"精细"管理所带来的"过制度化"问题的反思。[2] 因此，它反映了后现代公共管理的治理理念和要求，表现为对"理性主义"政府管理理论的反思以及对社会大众主体性的关注。另有学者从范式生成的角度出发，认为精准治理是对传统"公共行政范式"以及"公共管理范式"管理主义的突破，是中国场景下政府治理范式的进化。[3] 这种范式实际上反映了一种具有综合性、

---

[1] 张鸿雁：《"社会精准治理"模式的现代性建构》，《探索与争鸣》2016年第1期。

[2] 王阳：《从"精细化管理"到"精准化治理"——以上海市社会治理改革方案为例》，《新视野》2016年第1期。

[3] 李大宇、章昌平、许鹿：《精准治理：中国场景下的政府治理范式转换》，《公共管理学报》2017年第1期。

可持续性、前瞻性的治理理念与方式，即以满足特定对象的需求为目标，提供个性化、针对性、差异性的公共服务。

在特征上，"精准化治理"在理论背景、治理主体、治理目标、治理工具、体制特征、治理结果等六个方面与"精细化管理"存在差异，其核心内容是精准施政。① 这种治理方式具有可预知、可追踪、可测量和可标准化，以民众需求为导向，利用现代技术识别公民需求，主体多元化和合作性，资源利用在地化等显著特点。

在实现机制上，有学者将数据治理作为基本公共服务供给侧改革中"精准供给"的实现机制，认为其有助于提供对差异化需求的精准识别技术，畅通双向的需求表达与识别制度。② 也有学者认为精准治理的实现机制是一个系统框架，应当包括价值判断机制、整合机制、沟通机制、协同机制、评价机制以及保障机制。③ 在运行模式上，有学者从"驱动变革"和"供需向度"两个维度构建了"社会—参与""社会—志愿""政府—主动""政府—回应"等四种模式。④

3. 精细化治理研究的理论框架和要素体系

综观国内关于精细化治理研究主题的变化，对该理论的研究形

---

① 王阳：《从"精细化管理"到"精准化治理"——以上海市社会治理改革方案为例》，《新视野》2016 年第 1 期。

② 王玉龙、王佃利：《需求识别、数据治理与精准供给——基本公共服务供给侧改革之道》，《学术论坛》2018 年第 2 期。

③ 张贵群：《社区服务精准化的实践困境与实现机制》，《探索》2018 年第 6 期。

④ 刘海龙、何修良：《精准治理：内涵界定、基本特征与运行模式》，《中共福建省委党校（福建行政学院）学报》2021 年第 1 期。

成了一个比较完整的理论研究体系，全方位展示了精细化治理的理论框架和要素体系。主要包括以下内容：

第一，关于精细化治理的生成与运行逻辑问题。在生成逻辑上，已有研究形成了驱动因素和现实条件两个维度的观点。从驱动因素来看，一方面，社会的开放性和流动性的加快，社会公众需求的多样化，复杂性程度增高，高风险社会与低风险需求的悖论等社会问题和治理需求的出现，为社会治理精细化动议和实行提供了现实动力；另一方面，复杂社会的发展呼唤更加专业化的治理并带来政府权力的扩张，在传统"回应型治理"模式的滞后、"政策—需求"鸿沟和政府行为失据等问题 [1] 的驱动下，精细化的理念、方式和手段在政府主导和推动下得以应用于社会治理实践。从现实条件来看，已有精细化治理实践、科层制组织结构和社会治理体制的完善，分别为精细化治理提供了基础、平台、依托和保障；而信息技术的发展提高了个体信息的收集、处理和传播的能力，为精细化治理提供了技术支持，也促使公众参与治理的技术和手段得到发展。

在运行逻辑上，已有研究形成了政治、价值和技术三种不同但相互交织的逻辑。在政治逻辑中，国家通过模糊性公共行政责任的清晰化运作，实现自上而下的权力调整和注意力分配。[2] 精细化运

---

[1] 李大宇、章昌平、许鹿：《精准治理：中国场景下的政府治理范式转换》，《公共管理学报》2017 年第 1 期。

[2] 李利文：《模糊性公共行政责任的清晰化运作——基于河长制、湖长制、街长制和院长制的分析》，《华中科技大学学报（社会科学版）》2019 年第 1 期。

作使得国家权力"趋近"社会，但同时也使"以人为本"的治理目标得以复归，在培育理性中形成政治动员。在价值逻辑中，精细化治理代表了对公共性的价值追求、"开放—合作"的治理模式以及对他者开放的主体塑造。[①] 在技术逻辑中，信息技术的进步和应用使精细化治理具有无缝隙、智慧化、专业化以及简约的治理优势。[②] 基层社会从自治、管理、服务等维度对"精细化"目标分进合击，通过"技术＋制度"的策略运用，对治理的关键环节展开智能化的革新和重塑。

第二，关于精细化治理的体系构建问题。精细化治理并非只是停留在观念层面，也并非等于智能技术的广泛运用，而是一个复杂的多要素系统和多环节过程。在精细化治理的体系构成方面，已有研究并未形成一致结论，其原因是研究者多数是从自身研究需要出发构建特定场域的框架体系，相互之间既存在交叉重复，又存在彼此殊异之处。综合已有文献，可以将精细化治理的要素体系按照管理主体、管理客体和管理中介三个方面加以论述，具体如下：

在管理主体方面，精细化治理至少包括观念体系、制度体系、组织体系和工具体系四个子系统。观念体系主要涉及"全民共

---

① 张峰：《基层治理精细化的技术——价值逻辑及其互动》，《理论导刊》2020 年第 8 期。

② 余敏江：《环境精细化治理的技术——政治逻辑及其互动》，《天津社会科学》2019 年第 6 期。

享""以人为本""人民满意"等价值诉求，以及伦理道德、惯例、文化理念等非正式制度，[①] 最终以"精准目标"的形式存在。制度体系则包括体制机制和行动标准，最终以法律法规、政策、契约等正式制度的形式存在。组织体系则包括整体性、多元化、网络化的行动主体结构。工具体系则包括以信息技术为载体，标准化、智慧化、专业化的治理手段，[②] 以及由数据驱动、人—机—网络有机统一的网格化综合管理服务平台。

在管理客体方面，研究并未就社会治理层面的目标客体进行完整理论构建，但在城市治理层面进行了有益探索，主要涉及对象（领域）和秩序两个维度。从管理对象（领域）来看，城市精细化治理包括城市市政、城市环境、城市交通、城市应急和城市规划等五大专业管理领域，街道和社区两大综合管理领域，部件和事件两类对象。从治理秩序来看，城市精细化治理包括环境秩序、交通秩序、安全秩序、服务秩序与空间秩序等五大秩序。[③]

在管理中介方面，精细化治理包括对治理需求予以精准识别的靶点识别系统和对治理效果予以精准确认的绩效评估系统，其连接管理主体与管理客体并贯穿治理全过程。在需求识别上，借助工具

---

① 毕娟、顾清：《论城市精细化管理的制度体系》，《行政管理改革》2018 年第6 期。

② 何继新、郁琭、何海清：《基层公共服务精细化治理：行动指向、适宜条件与结构框架》，《上海行政学院学报》2019 年第 5 期。

③ 唐亚林、陈水生：《城市精细化治理研究》，上海人民出版社 2018 年版，第10—12 页。

系统的信息技术，对治理对象、内容和目标等信息进行精准挖掘；①在效果确认上，主要是以"公共价值"为核心的绩效评估系统，保证精细化管理过程中行为与效果一致性。②

第三，关于精细化治理的适用边界问题。学者提出了"短板论""常态论""权变论""技术论"等四种不同观点。"短板论"受"木桶效应"哲学的影响，认为精细化治理必须瞄准那些明显制约社会发展的"短板问题"，而非回到以往笼统粗放的行政管理方式上，③比如破解基本公共服务供给中的"最后一公里"难题。"常态论"则主要受到传统管理主义思想的影响，认为精细化管理是一种建立在常规管理基础上的管理模式，管理非常态化程度越高，就越难实现精细化，④因此精细化管理的范围常常限于常态化程度高的领域之内。"权变论"则采取一种"动态—平衡"的思维，认为国家治理需要在维系社会的自主性和提升治理的精准性之间寻求平衡，因此现实的国家治理只能追求适可而止的清晰，⑤比如在社区"微治理"中根据居民不同需求来划定政府的职能边界。"技术论"则从精

---

① 何继新、郁琭、何海清：《基层公共服务精细化治理：行动指向、适宜条件与结构框架》，《上海行政学院学报》2019 年第 5 期。

② 汤文仙：《精细化管理视角下的城市治理理论构建与探索》，《新视野》2018 年第 6 期。

③ 张鸿雁：《"社会精准治理"模式的现代性建构》，《探索与争鸣》2016 年第 1 期。

④ 麻宝斌、李辉：《政府社会管理精细化初探》，《北京行政学院学报》2009 年第 1 期。

⑤ 韩志明：《从粗放式管理到精细化治理——迈向复杂社会的治理转型》，《云南大学学报（社会科学版）》2019 年第 1 期。

细化治理所需的信息成本出发，认为在信息技术条件不能满足精细化制度对信息的要求时，精细化治理反而会带来更高成本。[①] 信息技术的进步和应用，不仅降低了信息收集的成本，还使得精细化治理具有"横向到边、纵向到底"的无缝隙治理优势。因此相较于传统社会，精细化治理更适合于信息社会。

第四，关于精细化治理的推进路径问题。实现由传统粗放式管理向精细化管理，进而向精细化治理甚至精准治理的转变，提升城市和社会精细化治理水平，成为学者长期关注的主题。然而，现有研究往往受研究者视角选择、理论基础、研究方法等的影响，在如何推进精细化治理转型的问题上并未形成一致看法。在社会层面的精细化治理中，研究者一般从宏观的理念、制度、权力、体制等方面进行阐述，而在城市基层治理层面，研究者往往由具体案例研究中抽象出一些政策建议，或者由精细化治理的一般原理演绎出一些推进措施。这些碎片化的研究结果虽然强调了推进路径的具体性、适应性，但对于精细化治理理论的创新而言并未起到关键作用。综合已有研究，以城市精细化治理为例，可以将精细化治理的推进路径概括如下：

路径一：标准化。这种路径强调的是治理的清晰化、规范化和专业化，追求过程与结果的全面确定性。在非标准化管理和"重

---

① 蒋士成、蒋岩岩：《精细化制度能实现精细化治理吗——一个经济学视角的分析》，《探索与争鸣》2018 年第 8 期。

权力归属"的行政运行逻辑下，管理过程的具体细节往往容易被忽视①。此外，政府在推进精细化治理中面临社会失衡失信失范、政府越位错位缺位、公众求公求廉求参等现实挑战，也需要加快法治政府建设②。标准化治理通过管理制度规范以及流程的标准化，可以明确管理职责，使民众对于城市管理工作有着更加稳定的预期，具有规范政府公共权力、保障民主自治权利和拓展社区共治空间的功能，而对治理主体的考核监督是保障精细化治理行动不偏离预期目标的重要手段。从制度规范和绩效考核两个方面推进精细化治理，一是要完善城市治理法规体系，如梳理治理主体的权责边界，明确职能行使的法律依据，执行严格缜密的工作制度，量化工作标准以及细化程序性规定等。二是要完善考核机制，如构建城市精细化治理绩效评价指标体系，制定相应的考核办法，促进绩效评价结果的严格落实等。

路径二：协同化。这种路径认为，政府再造运动产生的部门分立和单个部门治理能力不足问题，使得跨部门主体的协同成为必要。③城市治理往往需要动员城市多元主体参与，共治共享，才能实现城市精细化管理的目标，④这使其区别于传统官僚制与市场竞争式的管理模式。此外，基于情感信任、价值认同、团体依赖的地方

① 刘中起、郑晓茹、郑兴有、杨秀菊：《网格化协同治理：新常态下社会治理精细化的上海实践》，《上海行政学院学报》2017 年第 2 期。

② 马友乐：《法治政府：社会治理精细化的关键依托》，《理论导刊》2017 年第 6 期。

③ 薛泽林、胡洁人：《权责与绩效脱钩：社会治理精细化机制重构——以赋权改革推进多层次社会治理》，《华东理工大学学报（社会科学版）》2017 年第 1 期。

④ 唐亚林、陈水生：《城市精细化治理研究》，上海人民出版社 2018 年版，第 34 页。

共同体或社会资本也是影响精准治理效果的关键要素。① 以协同化推动城市精细化治理转型，一是要实现政府内部协同，二是实现政府与其他社会主体的协同。从内部协同关系来看，既要通过条块协同突破原有"条块"分割的科层体制，实现向整体性治理模式的变革，如建立市—区（县、市）—乡镇（街道）的纵向贯通和跨部门协同的横向扩展机制。从外部协同关系来看，一方面要对政府、企业、社会组织以及公众等主体的作用、职能分工、运作机制予以优化和明确，实现政社协同，另一方面也要大力培育社会资本和社会组织，积极推动居民与社区的有效参与。

路径三：信息化。这种路径强调，现代信息技术的运用既是社会治理精细化的内在要求，更为其提供了时代优势和技术条件。精细化治理意味着对城市大数据的精准化分析和现代管理模型的科学化建构。② 大数据的存在使得政府有条件掌握全面而系统的数据，获取过去不可能获取的知识。这不仅有助于精准把握公民需求，满足个性化的公共服务需求，还能降低城市社区治理的成本，提升社区决策的科学化水平和社会治理的常态精细化治理水平。③ 此外，推动城市治理与数据的系统耦合也需要公共和市场组织的数据价

---

① 南锐、汪大海：《社会资本视角下社会治理精细化的三维向度与实践》，《行政论坛》2017 年第 3 期。

② 韩福国：《回归空间差异化和尊重生活多样性——避免城市精细化治理走偏的两个核心支撑点》，《党政研究》2019 年第 5 期。

③ 孙涛：《当代中国社会治理精细化转型及路径探析》，《北京交通大学学报（社会科学版）》2017 年第 4 期。

值关联与挖掘。① 因此，以信息化推动城市精细化治理的实现，一是要通过数据挖掘技术实现服务需求的精准识别；二是通过信息化平台实现服务的智慧化供给；三是通过数据开放共享创造公共价值。

综上，回溯国内学术界关于精细化治理的研究，主要体现如下特征：第一，研究主题逐渐深入精细化治理的理论内核，并尝试进行理论范式的提炼和理论框架的搭建。各类研究主题体现出强烈的实践导向，如"治理现代化""美丽中国""城市治理要像绣花一样精细"等理念的提出驱动着研究议题的发展，催生出诸如"社会治理精细化""环境精细化治理""城市精细化治理"等研究领域。第二，研究视角更加多元，如在精细化治理的体系构建方面体现出从微观到宏观、从以工具理性为主到工具理性和价值理性并重、从过程精细化到结果精准化的转变。在学科基础上也更加注重从不同学科借鉴养分，如采用经济学中的"制度主义""博弈论"，社会学中的"社会资本""现代性"，政治学中的"国家权力"，甚至设计学中的城市设计理念。第三，研究方法上开始从规范研究转向经验研究。一方面，出现了大量对各地精细化治理特色、实践模式进行经验总结和理论分析的案例研究，典型的如由唐亚林等学者编写的《城市精细化治理》（2018）一书中收录的6篇实证研究论文，由吴建南等

---

① 锁利铭、冯小东：《数据驱动的城市精细化治理：特征、要素与系统耦合》，《公共管理学报》2018 年第 4 期。

学者编写的《像绣花一样精细：城市治理的徐汇实践》（2018）等系列丛书，但这些研究成果多为质性分析。另一方面，极少数研究者也采取了量化研究方法，如对省域社会治理、城市老旧小区的精细化治理绩效进行评价。

总之，通过梳理精细化治理理论的发展脉络，清晰地勾勒出精细化治理的基本要素和主要框架，包括主体、客体、目标、制度、流程和工具等内容，贯穿精细化治理的信息化、标准化和制度化过程。

三、韧性理论视域下特大城市运行安全风险精细化防控机制建设与优化的框架

从韧性理论和韧性城市建设视域来看，韧性城市建设的过程就是不断加强风险防控和救援能力建设的过程，要实现韧性城市的目标必须从空间韧性、制度韧性、社会韧性、技术韧性、组织韧性和经济韧性等具体领域或维度建设来实现，六大维度的韧性建设的路径也是城市安全风险防控任务具体落地的载体和路径依赖。

从精细化治理理论内容来看，精细化治理主要包括主体、客体、目标、制度、流程和工具等内容，其中过程体现了精细化治理的人性化、信息化、标准化和制度化的根本要求，精细化治理背后体现了精准、精确、精致和细节的理念，最后的目标是做到无缝隙管理，

达到整体性治理和精细化管理的内在要求。

从特大城市风险防控实践来看，城市运行安全风险防控的工作一般包括风险识别、风险研判、风险评估、风险控制、风险反馈等具体环节，风险精细化防控机制是一个各类要素和系统综合的整体和复合体，它的建设不可能是局部或碎片化的推进过程。因而，在韧性理论和韧性城市建设的视域下，特大城市运行安全风险精细化防控机制可以韧性理论为指导，从韧性城市建设的视角来推进特大城市运行安全风险防控机制的建设，具体的思路如下：

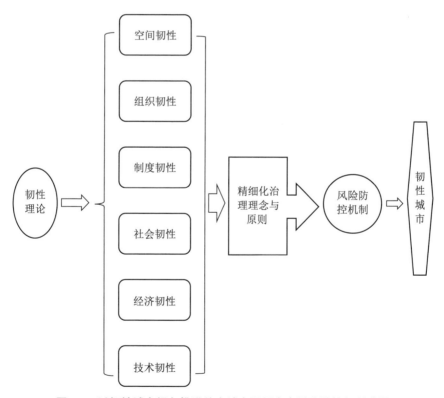

图 2-5　以韧性城市视角推进特大城市运行安全风险防控机制建设

从上图中可以看出，特大城市运行安全风险精细化防控机制建设的目标是韧性城市，安全风险精细化防控工作是实现韧性城市的重要的环节。所以，在韧性城市推进的过程中，韧性城市建设的六个维度必须体现精细化的理念和要求，将安全风险防控的各项任务融入空间韧性、组织韧性、制度韧性、社会韧性、经济韧性和技术韧性建设过程，在韧性城市建设中体现精细化的理念和意识，把六个维度韧性建设作为城市运行安全风险精细化防控建设的路径和载体，通过六个维度韧性的增强和建设构建特大城市运行安全风险精细化防控机制，提升特大城市运行安全风险防控能力，实现韧性城市建设的目标，增强城市民众的获得感、幸福感和安全感。

第三章　社区安全风险精细化防控实践探索：以上海静安 L 社区为例

　　特大城市是由千千万万个基层社区组成的，基层社区相当于城市有机生命体中的细胞，它的安全状况如何直接关系到城市居民的财产和生命安全，关系到城市的安全运行和韧性城市建设的基础。基层社区是特大城市运行安全的底座和基石，它的安全风险精细化防控工作做实了，特大城市运行安全就有基础和保障了。因而，特大城市社区运行安全风险精细化防控机制建设是推进韧性城市建设的重要环节。

　　近年来，随着我国经济社会的快速发展，城市化进程不断加快，城市规模不断扩大，大量人口涌入城市，各类生产、生活要素高度集中，城市日益成为一个人、财、物、信息等要素不断流动且相互联系的复杂系统，城市在给人们带来便捷、丰富生活的同时，也不可避免地聚集了大量自然的、人为的风险因素，威胁着城市安全稳定运行和民众生命财产安全。城市社区是居民生活的基本空间载体，承载着居民的基本生活需求，社区也正显示出"人口密度大、流动性和异质性强、多层次、诉求不一"的特点，各类风险叠加交织，矛盾凸显，多种风险隐患交替出现。如 2018 年 7、8 月份 4 次台风登陆上海，造成社区多处积水、内涝，严重影响市民正常的生活；社区普遍存在的群租房现象、老年独居屋的"小火亡人"事故；尤其 2020 年初突如其来的新冠疫情给基层社区管理带来诸多挑战和压力。这些都考验着城市管理者的驾驭风险的能力和应急响应的水平，如何积极发挥政府功能，健全完善各类风险防控的体制机制，广泛动员各种资源，及时有效精确地防范社区安全风险，保障超大社区安全有序运行和持续提供优化服务，进而提高城市生活品质和温度是新时代城市管理者必须思考的问题。

2017 年 3 月 5 日习近平总书记在参加十二届全国人大五次会议上海代表团审议时指出，走出一条符合超大城市特点和规律的社会治理新路子，是关系上海发展的大问题。城市管理应该像绣花一样精细。这为推动超大城市治理精细化，提升城市治理能力，完善城市治理体系的目标指明了方向。2019 年 1 月，习近平总书记在省部级主要领导干部"坚持底线思维着力防范化解重大风险"专题研讨班开班式上，又强调要坚持底线思维，着力防范化解重大风险，提高风险防控能力、保持经济持续健康发展及社会大局稳定。这也进一步彰显了风险源头防控在公共安全治理中的地位和功能。由此可见，城市安全风险治理愈发成为城市治理的重要内容，事关城市安全和城市精细化管理水平，在推动城市实现高质量发展上具有重要意义。而在政府与社会的关系中，社区发挥着纽带作用，其地位不言而喻，可以说，社区治理是城市治理的支点，也是城市治理的最后一公里。所以，要把治理重心落实到基层，解决群众最关心、最直接、最现实的利益问题，更加关注多元主体诉求，深入开展社区安全风险治理实践，从而推进社会治理水平不断提升，为社区居民提供更多优质公共服务产品。

从以往的突发事件来看，越是超大特大城市，各类系统运行的脆弱性越明显，安全风险隐患治理工作越是复杂，这对精细化管理的要求越高。如上海要提高在全球城市中的竞争力、影响力和吸引力，实现建设成为卓越的全球城市战略目标，需不断地提升科学化、精细化和智能化的管理水平，走出一条符合超大城市特点和规律的社会治理新路子。而在社区安全风险治理实践中，各级政府依然面临经验不足、机制不顺、技术限制等诸多难题，就上海来说，如何加强基层社区安全体系建设，克服现有管理中存在的短板，优化社区安全风险精细化管理路径，建立社区安全风险治理长效机制，是超大城市各级管理者需要思考的问题。

一、特大城市社区安全风险精细化管理的基本遵循和实践探索

精细化管理的理念最先来源于企业管理，其国内学者汪中求

（2004）提到"精者，去粗也，不断提炼，精心筛选，从而找到解决问题的最佳方案；细者，入微也，究其根由，由粗及细，从而找到事物内在联系和规律性"。① 同时，他还提到精细化管理是指通过规则的系统化和细化，运用程序化、标准化、数据化和信息化的手段，把"精、准、细、严"的要求落实到每个工作流程、每个岗位的职责要求、每个人的行为规范中，使组织管理各单元精确、高效、协同和持续运行。② 这种精细化管理的理念引起学界广泛的反响，很多政府管理学者开始研究政府精细化管理的问题。其中，政府精细化管理的倡导者温德诚（2007）在《政府的精细化管理》一书中指出，所谓政府精细化管理就是"以科学管理为基础，以精细操作为特征，致力于降低行政成本，提高行政效率的一种管理方式"。③ 从以上分析来看，精细化管理过程至少应包括人性化的目标、精细化的理念、标准化的流程、规范化的运行、智能化的支撑、高效化的取向等基本要素，实现精细化管理必须有精细化文化、规范化制度和智能化技术的支撑。

2018 年 1 月上海正式发布《中共上海市委、上海市人民政府关于加强本市城市管理精细化工作的实施意见》的三年行动计划（2018—2020 年）（以下简称：《三年行动计划》），提出切实加强社会治理和城市精细化管理，其目标是到 2020 年，上海在城市设施、环

---

① 汪中求：《细节决定成败》，新华出版社 2004 年版，第 78—89 页。

② 汪中求、吴宏彪、刘兴旺：《精细化管理》，新华出版社 2005 年版，第 145 页。

③ 温德诚：《政府精细化管理》，新华出版社 2007 年版，第 52—53 页。

境、交通、应急（安全）等方面的常态长效管理水平全面提升，市民对城市管理的满意度明显提高，城市更加有序安全干净、宜居宜业宜游，生活更加方便舒心美好，成为最有序、最安全、最干净、最有温度的城市之一。上海提出城市精细化管理的基本思路是"一核三全四化"，一个核心便是"以人为本"，"三全"即对城市实现全覆盖、全过程、全天候的管理，这是从对象、空间和对象上对城市管理提出的要求。要将精细化管理的要求贯穿城市工作全链条，贯穿城市规划、建设、管理、执法等城市工作各个环节，覆盖城市空间的各个区域，体现在涵盖各类人群、各种城市部件及事件。"四化"就是要加快构建法治化、智能化、标准化、社会化的管理服务体系。

在"一核三全四化"的思路指导下，城市精细化管理就是在城市管理过程中运用精细化理念，坚持以人为本，抓住突破口，持续推进补短板，依据精准科学的法规与标准，辅以高效智慧的信息技术手段，坚持多元共治的协同格局，促进城市的安全、有序与舒适，以更优质的服务和更人文化的管理满足社会各阶层的利益需求。[①] 城市安全发展意见和上海城市管理精细化三年行动纲要的颁布和实施，对超大城市公共安全风险防控精细化管理提出了明确要求，至少包括以下主要内容：一是目标明确，主要是指确保超

---

① 魏筝：《城市社区公共安全风险防控精细化研究》，中共上海市委党校 2020 年硕士论文。

大城市安全发展，增强人民的幸福感、获得感和安全感；二是方法优化，主要体现在通过智能化、法治化、标准化和精致化等手段和方法实现目标；三是主体多元，主要是指在精细化管理中充分发挥多种主体的作用，整合各种社会资源，为精细化管理提供保障。

结合城市精细化管理的理念和思路，超大城市社区安全风险精细化管理的基本要求体现为以下几点：

第一，风险管理主体多元化。精细化管理对社会化治理格局提出了明确要求，强调多元主体共治，坚持政府主导，社会协同，共同治理，发挥多种主体的功能。同时，可以运用市场力量，采取购买服务与服务外包的方式提高风险管理水平，在激发市场活力的同时，使政府自身有精力做好决策与服务；在社区安全风险治理中吸纳公众、社会组织、企业等多元主体参与，实现风险管理主体立体化参与模式。

第二，风险识别过程智能化。现代信息技术的发展为精细化管理带来了机遇，也为风险管理提供了前所未有的支撑。风险识别如果仅依靠人工传统方式，不仅效果不佳，而且给工作人员造成很大负担。政府运用智能化手段进行风险识别，提高风险感知能力，可以缩短管理周期，使风险识别更加精确、精准，用智能化推动精细化，用大数据提升风险治理能力和水平。

第三，风险信息沟通平台化。对风险进行处置讲求时效性，社区安全风险精细化管理需要平台的建设，能够实现民众与政府的无缝对接、实现管理主体之间的良好沟通，提升政府的快速反应能力、降低沟通成本，为风险分析畅通渠道，给风险管理精细化带来更大可能性。

第四，风险治理决策制定数据化。"科学"是精细化管理的追求之一，大数据技术的应用使精细化管理越向规范发展。风险管理决策制定时应充分考量大数据技术带来的"红利"，以数据驱动的方式，针对不同的风险场景制定不同的处理方案，使风险管理更加科学高效，决策更加具有针对性和可行性。

第五，风险治理决策执行和评估标准化。在决策执行环节，因涉及众多风险治理主体，特别是在政府内部的不同部门之间、不同层级之间容易发生执行环节的失误和偏差。精细化管理要求定岗定人、细节优化、流程清晰，要制定风险治理决策执行的标准化流程，规定每一管理主体的职责与角色，使各个执行环节紧密连接，也便于事后对风险治理主体进行评估、考核与问责。

上海特大城市基层社区风险精细化管理框架基本上是围绕着"一核三全四化"要求进行机制和制度设计和运行的，力争实现安全风险治理的精细、精准、精确和科学的目标，实现城市的安全、有序、和谐运行，为市民提供优质公共安全服务产品。从韧性理论视域来看，上海特大城市基层社区安全风险精细化防控机制基本上围绕着空间韧性、组织韧性、制度韧性、社会韧性、经济韧性和技术韧性等几个维度开展，目标是建设基层的韧性社区，夯实特大城市运行安全的基础和基石。

二、个案分析：上海静安区 L 街道社区安全风险精细化管理的创新实践

上海静安区 L 街道位于静安区（原属于闸北区，静安区和闸北区于 2017 年合并为新静安区），始建于 20 世纪八九十年代，是一个住宅小区集中的纯居住社区。L 街道人口较多，面临风险种类繁多，风险隐患点分布广泛的情况，仅靠传统人力排查、监管的老办法难以达到城市管理"像绣花一样精细"的要求，也无法满足民众对美好生活的需求。为深化落实上海市提出的"绣花管理"要求，2017 年底，L 街道抓住静安区委、区政府促进城市管理与社会治理试验区的机遇，在全区率先实施"社区大脑"工程，依托街道原有城市的城运中心，进行技术革新，升级改造，着力推动大数据、物联网等新一代信息技术与城市管理深度融合，努力实现智慧治理和精准治理，进行体制机制创新，深入推进社区安全风险治理工作。

（一）积极搭建平台，完善社区安全风险治理体制

一是建立以"社区大脑"联合指挥中心为枢纽的综合性指挥平台。街道以网格化中心[①]为基础，整合综治中心、应急中心、物业

---

① 2020 年上半年，上海各区根据城市运行"一网统管"建设的要求，区、街镇网格化管理中心全部改为城市运行管理中心，简称区、街镇"城运中心"。

管理中心、民生保障中心等职能和人员，并安排城管、公安、环卫、市场、交警等管理力量相对集中办公，将原先分散在各个口子的城市管理事件数据集中在"社区大脑"之上，构建一个口子汇集、一个口子派单、一个口子跟踪、一个口子考核、一个口子督办、一个口子指挥的联合指挥中心，"社区大脑"联合指挥中心24小时不间断运行，初步实现"全覆盖、全过程、全天候"管理模式。二是健全以街区网格为关键的实体执行平台。L 街道为更好完成综合类处置任务，在区网格划分的基础上，根据街道人、物、资源等要素分布的实际情况，划分了四大街区，并以此组建了四个街区工作站。按照"人进网格、责任到人"的要求，将各职能部门和条线队伍下沉到街区网格，实现常态化管理和服务。三是完善以居民区网格为基础的辅助工作平台。在居民区层面，按照党建"三三制"划分了三级网格组。由居民区党总支书记担任大网格组长、居委会主任和社区民警担任副组长，物业公司经理、业委会主任、义务干部作为骨干成员，搭建社区共治平台。然后按照基层党支部划分次网格，一个党支部作为一个次网格。以楼组为基石的党小组为小网格。即此，在居民区形成三级网格平台。对于楼栋堆放杂物、私拉电线充电、侵占消防通道等存在安全隐患的问题，支部小网格精确聚焦，即查即处，将小区管理矛盾和问题化解在基层神经末梢，真正实现重心下移，力量下沉，把风险与隐患解决在基层和社区。

（二）加强协同共治，构建社区安全风险多元治理主体

一是党建引领。L 街道积极创新党的组织设置，党工委率先打破按身份和编制设置机关党组织的传统壁垒，紧紧围绕街道"三公"职能，成立了新的机关党总支，下设"公共管理"、"公共服务"和"公共安全"三个党支部，促进机关党员干部围绕街道中心工作创先争优。在居民区层面，形成了"1+5+X"资源整合型党建工作模式，"1"指的是社区党总支书记，"5"指的是"居民区党员主任、党员民警、业委会或物业公司党员负责人、区域单位党组织负责人、群众团队党员负责人"，"X"指的是与居民区工作相关的其他各种组织和力量，然后通过将"支部建在楼上"的"三三制"工作平台发挥党员带头作用，整合资源将矛盾问题化解在基层，缩短"管理路径"。二是部门整合。为提高应急响应与处置能力，"社区大脑"指挥中心把各条线执法力量整合集中办公，打破以往各职能部门各自为政、单打独斗的局面，实现在社区大脑指挥中心下统一汇集信息、派发工单、跟踪处理、绩效考核、督促办理、指挥协调。三是购买服务。L 街道根据自身实际情况合理规划 4 个街区后，为保证常态化的风险防范落实到位，以招投标的方式专门聘请了上海某某物业管理有限公司为其提供专职化街面网格巡查员，8 名网格员分属 4 大街区，对街面进行全区域、全过程、全时段的巡查，发现问题及时上报。四是公众参与。在社区层面，由党员、楼栋骨干、热心居民所组成的志愿者团队开展"防火、防盗、防矛盾激化"的群防群

治常规性工作，对社区每天进行定时巡查，及时排查风险隐患，发现矛盾纠纷，通知物业公司和居委会协商解决；L路街道又派出2名街道社工和2名市场公司人员对小区进行叠加式巡查，力求达到巡查范围不留死角、不留缝隙。

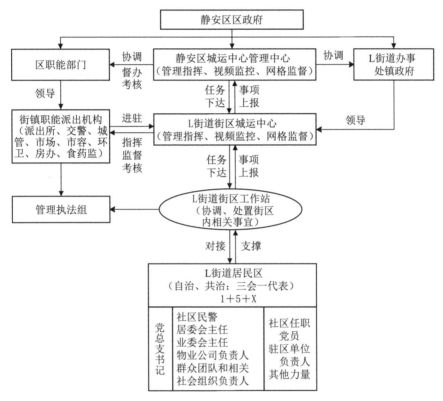

图3-1　L街道社区安全风险治理主体关系

（三）健全"神经末梢"，提升社区安全风险预警识别能力

为了体现社区安全风险预警识别的精准性和及时性，加强风险管理精细化水平，提升居民获得感，在社区大脑的试点过程中，L

街道改变传统社区管理方式，将社区安全作为民生保障的基础，利用物联网技术将城市公共部件、消防设施、特种设备等相关场景进行规模性、自动化数据采集，异常情况自动报警，将原来的"人防"转变为"技防"。社区大脑聚焦跨门营业管理、消防水泵水压感知、电梯运行、电弧过载预警、独居老人居家照护等 21 个应用场景，基本覆盖"群众开门可能碰到的大事小事"。

在"社区大脑"指挥平台展示屏上显示的"今日事件汇总"信息，是多元数据的沉淀和消化，可以全面综合地反映街道辖区的实时运行情况，是街道开展日常治理与服务工作的基础。"今日事件汇总"的总揽数据来源于三个部分：第一部分是汇集的五项工作人员常规巡查类目上报的信息，包括街面巡查信息、视频巡逻数据、区级监督信息、居村采集信息和路长采集信息；第二部分是接入的实时的外部系统数据，包括社区警情事件、民情日志信息、市民热线12345 信息和网上舆情信息；第三部分数据就来自街道辖区内部署在若干场景下的物联感知设备自动上传的数据。十多个数据收集渠道为 L 街道社区大脑指挥平台提供了全面性、基础性和系统性的数据资源。

L 街道将物联网、大数据、云计算等技术融合运用，为社区安全风险治理搭建了信息化平台。通过物联预测感知风险、数联驱动创新服务，各种渠道汇聚的数据资源进行交互共享，分布广泛"神经元"下的多领域应用场景等综合的技术路线也推动了政府服务方式的转变，使 L 街道在社区安全治理过程中能够更加从容应对日趋

表 1　社区大脑指挥平台数据来源

常规巡查类目上报的数据		实时外部系统数据		物联感知设备自动上传的数据	
数据类型	数据来源	数据类型	数据来源	数据类型	数据来源
街面巡查信息	网格巡查员每日定点对街道 4 大街区进行巡查，发现并上报问题	社区警情	街道城运中心和街道派出所就一些与 L 街道公众安全有关的问题进行联动	物联感知	部署传感器，通过物联技术自动上传的数据
视频巡逻数据	在重点区域安装摄像头进行视频监控所得	民情日志	民情日志大数据运用中心的数据		
区级监督信息	区城运中心每日不定时派遣人员对街道进行叠加式巡查	市民热线 12345	民众通过此热线电话反馈问题		
居村采集信息	居委会通过入户走访，对本社区居民进行的信息采集	网上舆情（民呼我应）	通过网络渠道收集和抓取市民关心的问题和诉求；L 街道微信公众号"美丽 L"的一个板块，专门方便民众在此反映诉求		
路长采集信息	静安区将"河长制"河道治理方式延伸到街区治理推出的领导责任制，定期检查责任路段，协调解决所负责路段城市管理问题的重点、难点问题				

多元、交织复杂的风险因素，及时排除重点部位的安全隐患、减少事故发生概率。

（四）再造管理流程，提高社区安全风险处置效率

目前 L 街道主要通过物联感知、街面（小区）巡查、热线和微信渠道来搜集、发现问题，统一汇总到街道城运中心，然后再由工作人员派单给相关职能部门进行处理和解决问题。一方面，网格巡查员通过移动通信设备上的城管通系统上报在巡查时发现的问题，对于能够自行处置的就即时处理，之后在城运中心备案便可；不能当时处理的，按照要求拍下照片并进行问题准确描述，上传至社区大脑中心，中心接单后，根据案件性质归属不同的职能部门承办，向其派遣工单，然后各职能部门派专人去解决，不同性质事件有不同的解决时效，职能部门处置完毕后回复至中心，中心再派监督员去现场核查解决情况，如果通过核查给予结案，核查不通过再次派遣至该职能部门进行继续解决。对于街道职能部门不能有效解决的，由街道城运中心上报区城运中心，由区职能部门协调解决。另一方面，对于居民投诉类案件，城运中心要在一个工作日内先行联系居民，进行诉求认定、告知是否受理，然后派发工单至各个职能部门承办，各承办部门负责事实认定，现场查看工单反映情况并要求在15 个工作日内给予解决，并把结果以书面形式回复给城运中心，城运中心要回访居民，询问对处理结果是否满意。

"围墙内外"的网格监督员都配备了相应的智能手环，监督员走到布置有"搭载着蓝牙技术装置"的点位，点位上的装置与手环相互感应，会自动记录监督员走向，并实时传递给社区大脑，实时跟

踪工作人员的巡查位置与轨迹动态。一旦发生需要立刻处置的问题或者指挥平台收到物联感知的报警之后，平台指挥长可迅速根据电子轨迹图确定监督员位置，调配就近处置力量赶赴现场，这一流程设置极大地提高和优化了问题处置效率。

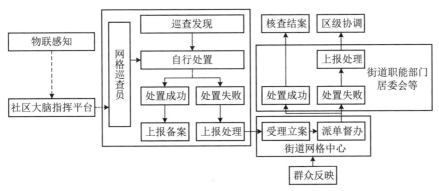

图 3-2　L 街道风险及突发事件处置流程图

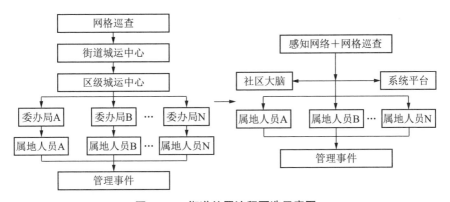

图 3-3　L 街道处置流程再造示意图

（五）健全监督机制，强化社区安全风险治理效果

L 街道社区大脑接入的外部数据——区级督查，便是区级层面

75

对街道工作的监督方式之一。具体来说，区级城运中心不定时派工作人员对 L 街道进行巡查，如果其问题上报的时间比街道巡查员发现问题的时间早，街道在全区考核中便会因此扣分，影响全区街道城运中心治理绩效排名；除了案件的提前发现率，上报问题的数量和质量也会被纳入全区网格管理的考核指标，以此，街道积极督促网格巡查员不留盲区地早发现、早解决问题。L 街道对网格巡查员的监督措施则是将其工作绩效直接与工资、奖金挂钩，奖惩分明，用市场化的管理方式督促网格巡查员提高工作效率；另外每周召开城运中心工作例会，对城运中心日常巡查、工单派遣、信息汇总、督查统计、区级考评等情况进行及时沟通，加强对中心工作人员的日常管理和队伍建设。街道城运中心对于街区工作站的问题处置及解决进度有着督办职责（对街区工作站进行考核监督则是由街道管理办负责）。这种激励性的监督机制对于提高街道城运中心公共安全治理水平、培养高效的问题反馈能力大有裨益。

三、成效与短板：上海 L 街道社区安全风险治理实践的回顾

L 街道综合运用大数据、云计算等技术，与物联网、数联网等感知平台对接，建设了完善的"神经元系统"，提高了对群众需求和城市管理问题的感知能力、对城市运行趋势和问题演化的研判能力，

以及对城市各类事件和疑难问题的处置能力，全面提升了社区安全风险治理体系和治理能力现代化水平。

（一）L 街道社区安全风险精细化管理初见成效

1. 社会化的多元参与模式，提高了风险治理的科学性

目前，L 街道安全风险治理主体的关系形成了互补局面，不仅充分发挥了市场优势，激发了市场活力，而且还提高了社区安全风险治理的专业性和科学性。首先，将治理现代化技术的研究开发完全交由市场，与企业进行深度合作，利用新技术提高风险识别和分析决断能力，加强源头治理和系统治理，促进了街道风险治理工作的科学化、智能化、精细化；其次，吸纳市场主体，将内部工作人员从大量前端机械性风险发现工作中解脱出来，聘请专门化组织和专业队伍担负日常风险监测、发现、识别以及简单性事件的现场处置，街道将更多的时间和精力投入事件处置环节，再运用市场化的管理手段激励网格巡查员提高绩效，提高了社区安全风险治理工作的能动性和专业性。最后，在社区风险防控工作落地方面，L 街道社区党支部、居委会自治组织、市场化主体和社区志愿性团体以及社区居民都参与其中，形成了有力的基层力量，做到了"社情民意在一线掌握、矛盾问题在一线解决"，实现了社区风险早发现、早预警、早处置，掌握社区风险管理的主动权。

2. 规范化的部门联动机制，保障了风险治理协作效能

L 街道"平台的建设"、"实际的赋权"以及"严格的考核"三

个方面为实现部门之间的联合提供了基础、关键和保证。"平台的建设"主要体现在社区大脑指挥平台和街区工作站执行平台两个规范化平台。"跨部门联合指挥"有利于统筹调度街道各类资源与跨部门协同工作,大幅提升了日常工作效率与质量;"跨部门联合执法"化整为零,针对综合性风险以及涉及部门职能交叉、情况复杂、需要联合执法的应急事件提高了处置和执行效率,也促进了不同部门主体在治理过程中的良性互动。"实际的赋权"主要体现在扁平化组织体系下的治理重心下移,作为区派出机构,"公安、交警、城管、市场监察、绿化市容、房办、卫生中心"7大职能场所被上级部门赋予管理实权,有权处理街道一线任务;"严格的考核"在于各职能部门任务分包下的监督制约机制,各部门协同作战,"不仅要把自己该做的事做好、还要配合好其他部门的工作",街道办对各职能部门的考核、监督使得协同更具力量、更加通畅。

3. 智能化的"神经末梢"网格,提高了风险识别和预警水平

为提供良好的社区公共安全,实时预警可能发生的风险,及时排除安全隐患至关重要。L街道针对"围墙内外"的公共安全领域,在重点部位安装感知设备,实现了关口前移,变"事后应急"为"事前预防",提高了风险预警能力,破解了"人力所不能及""人力所无法及"的问题。例如,为保障小区生命通道畅通,一旦有车辆等重物占用消防通道,指挥中心就会接到报警,并向居委和物业发出指令,进行及时查看,移除障碍;通过在单元门洞安装门磁与影像采集感应,能够知晓小区进出人员情况、门洞大门是否有长时间异常打开情况等，提高了居民生活的安全性；对餐饮企业食品安全的监测，主要是监测其加工、储存环境是否发生异常变化，可第一时间督促企业加以检查整改，而不是等食物变质事件发生后再作应急处理；针对房龄较老的高层建筑安装消火栓水压感知传感器，对辖区重点场所和小区非机动车库安装物联网烟感报警器，在行人乱穿马路等问题多发的路口安装监控提示设备等，都是以智慧化的"神经末梢"代劳了原本需要大量人力投入的风险隐患发现环节。

4. 标准化的处置流程设计，优化了风险处置效率

风险隐患的及时排除、突发事件的快速处置很大程度上依赖于一套标准化的流程设置来进行任务分包和步骤明确。以"L 街道网格化社区管理分中心"这个系统化信息平台为载体和基础而设置的流程能对各种来源的问题作出快速反应。首先对"谁来上报、怎样上报、哪些问题需要上报、上报问题到何处"进行明晰；其次，对案件属性、案件大类、案件子类、管理要点、问题描述、紧急程度等都进行清晰细致界定和分类；不同事件、部件有明确的部门进行任务包揽；并清晰规定了不同问题的办理时效和绩效考核标准。从受理—立案、接单—处理、派遣—督办、核查—结果四个阶段都有明确的步骤，形成了完整的闭环管理系统。而且，此信息平台实现了"一口上下、限时处置"，部门如何作为、有无拖延，在平台上都是可视化的，规范化的流程避免了部门之间相互推诿而造成的时间浪费、任务阻滞，责任明确更有利于问题的高效解决。帮助实现"接处问题 10 分钟到现场，一般问题 1 小时解决，疑难问题 1 天内

落实方案"的快速反应，从总体来说，提高了风险排除和突发事件处置效率。

社区"大脑"运行以来，多次化解可能危及居民生命财产安全的风险隐患，做到了防患于未然，大大减少意外事件发生的可能性，实现了从"人员主导"处置流程到"算法主导"处置流程的转变，改变了过去从问题现场到条线部门再回到街镇的处置模式，代之以即知即改的模式，为超大城市社区安全风险精细化管理提供了丰富的实践经验，提高了社区安全风险治理智能化水平。

（二）L街道社区安全风险精细化管理存在的短板

在分析基层社区安全风险精细化管理取得成效的同时，也发现社区安全风险精细化管理中存在一些短板，会影响社区安全风险治理工作的成效。具体如下：

1. 风险等级的评估标准尚未统一，造成人力资源成本上升

L街道社区大脑的神经元系统把城市管理的问题转化为信号，传递到城运中心，中心再把相关信息传递给不同的部门或居委会，使得有责处置的单位在第一时间发现并处置。这些感知设备自动采集所形成的数据是对原有仅依托于巡查人员发现并记录数据的补充，一旦场景环境发生变化，超过感知设备的阈值设定，就会有报警"信号"传达至社区大脑指挥平台，告知值班人员数据异常，需要加以警惕。以前"人力不能及时发现的问题"现在有了信息提示，这无疑会提高处理风险隐患的效率，降低风险转化为事故的概率。

但是如何对每项数据报警阈值进行精准的把握和确切的设定，使得各个应用场景的报警有效，避免误报情况发生是极其关键的。因为"信号"产生并不意味着"事件"发生。比如，为了防止消防通道被车辆乱占，L 街道针对重点地段安装了地磁，若有车辆侵占消防通道，社区大脑指挥平台便会接收到报警反应，指挥平台需联系物业公司或者居委会，寻找到车辆主人，对该车辆进行劝离，保障消防通道通畅。但在实际工作中，当值班人员联系有责人员进行处置时，该车辆或许已经离开，即只是在此做了短暂停留的情况并不少见。即使根据车辆停留时间长短进行提示，但时间设置多久比较合适才不至于浪费人力物力也需要准确把握。风险提示是十分必要的，但更为重要的是合理设定阈值、明晰事件生成规则，从而提高提示效度。目前，感知设备所采集的数据自动形成可以为人们快速理解并响应的事件的生成规则仍然缺乏较为明晰的标准和定义，导致对事件产生规则的判断逻辑各异，由此带来处置标准不一，人力浪费等问题需要进一步思考。

2. 基层政府承接能力有限，风险治理考核机制有待完善

新技术的应用一方面使得政府为民众提供了精细化的安全保障和服务措施，另一方面由于诸多此类事件以前并未纳入政府职能部门的日常工作范畴，因此对于问题出现后政府的应对及处理能力，如响应机制、处理流程、联勤联动等都提出了现实挑战。比如当感知设备发出警报信息生成事件以后的派遣问题——第一是通过哪种渠道派遣更具备合理性和高效性；第二是派遣给谁：社区内的事件，是派遣给物业经理，由经理协调处置，还是直接派给当时值班的保安等；其次是处理问题——假使乱停车问题派遣给保安后，是由保安劝离还是由其报给其他职能部门对口处置；再次是核查问题，传感设备进行风险预知和提示只是第一步，问题处置后需要核查继而结案，如果依然采用人工方式派处置人员去现场复核，并没有完全地减轻工作人员的负担；最后是考核问题，区级对街道的考核中有一项指标是问题的"提前发现率"，在调研中经访谈得知，为了提高事件提前发现率，L 街道网格员的上班时间要早于正常工作时间，通常要在区级巡查以前完成工作。因为一旦问题是被区级巡查发现而街道没有发现或者街道巡查发现问题的时间晚于区级，哪怕两者同时发现一处问题，但区级巡查上报的时间早一秒钟，街道都是要在考评时扣分的，这样的考核方式虽然督促街道及时认真发现问题，但也让其疲于应对上级考察，巡查工作的目的扭曲，考核方式也不尽合理，加大了基层政府的压力。

3. 部门之间数据壁垒现象存在，增加了风险治理成本

虽然 L 街道将各职能部门执法力量整合到社区"大脑"集中办公，为加强部门协同提供了空间条件和基础平台，但实质上，部门间的保护主义、利益博弈仍然存在，再加上我国数据共享的政策规定尚不完善成熟，尤其在涉及核心数据和信息资源方面，部门之间还未充分实现开放共享，互联互通，其合作只停留在表层的人员配合、组织协调。目前 L 街道与区网格城管通系统虽已实时互通，任务上传下达较为畅通，街道各条线数据通过民情日志系统全部汇总到社区"大脑"，小区巡查系统也已纳入社区"大脑"平台进行管理。在各类数据、系统融合后加强了社区公共安全防护水平、提高了解决重点隐患问题的针对性。但是掌握实际执法权力、在各自范围内履行管理职责的城管、市容所、市场监管所、派出所等职能部门的数据系统还未与社区"大脑"实时连通，目前依然采用手动更新的方式，会造成后台信息无法及时动态更新，行政效率大打折扣，同时，由于信息的不全面、碎片化、条线化会造成决策有所偏差、治理效果无法最优。这些职能部门掌握着条线专业数据，隐藏着巨大的应用价值，若对其整体开发，将会产生意料不到的效果，有利于从源头和整体来分析探测公共安全治理重点及方向。但因各种因素所带来的部门数据壁垒，为实现政府深度合作、整体协同、高效运行、精准服务、科学管理增加了困难。

4. 数据治理安全风险凸显，面临个人隐私保护不力问题

作为城市管理城运中心的升级版，社区"大脑"运用新技术手段在社区公共安全领域对居民生活造成了影响，这种影响不仅体现在街道对居民安全的保障更加全面、彻底，且更符合现代化和精细化管理的要求。但对于在社区单元门洞安装摄像头和影像采集感应的做法也让一些居民提出侵犯隐私的质疑，采集的个人信息存储于哪里，是否具备安全性等都应该深入思考，如何在强化技术手段、保障社区安全的同时，维护居民的隐私权，使其放心、安心地享受政府服务也值得研究。对于 L 街道社区"大脑"建设来说，上海数据交易中心作为政府购买服务的第三方系统平台开发企业，汇集了街道所有应用场景中感知设备产生的数据，数据经过加工处理而成信息，是具备重要价值的资源，它是社区画像的集中精确展现，用以辅助政府决策的依据。但保护数据本身的安全也是不容忽视的问题，这些数据收集后的储存、传输与合法使用需要加以重视，保护数据隐私不被泄露是政府的监管责任和企业的社会责任所在。

四、特大城市社区安全风险精细化治理的发展趋势

通过个案分析看出，L 街道社区安全风险治理在取得成效的同时，仍然存在一些短板，与社区安全风险精细化管理的目标尚有差距。结合社区安全风险治理框架和要求，积极探索优化超大城市社区安全风险精细化管理的路径，为提升超大城市社区安全风险治理能力和水平提供保障。

（一）目标明确，提供更加满意的公共安全产品

习近平总书记强调："城市发展不能只考虑规模经济效益，必须把生态和安全放在更加突出的位置，统筹城市布局的经济需要、生活需要、生态需要、安全需要。"我国社会主要矛盾已经转化为人民日益增长的美好生活需要与不平衡不充分的发展之间的矛盾。因而，幸福感、获得感和安全感成为衡量美好生活的重要标志。为了适应当前社会管理的要求和民众对美好生活追求的需要，超大城市社区

安全风险精细化管理的目标必须是为居民提供更多满意的公共安全产品，让市民社区生活更安全、更和谐、更宜居。社区安全风险精细化管理的逻辑起点就是人性化和便捷化，通过精细化的管理，在第一时间发现社区可能存在的风险和隐患，及时有效采取精细化和周密的管控方案和措施，将风险和隐患控制在萌芽状态之中，从源头上消除社区安全风险和危机事件，为市民提供优质满意的公共安全产品。

（二）多元参与，促进社区安全风险治理过程精细化

通常政府在社区风险治理工作中具备主导力量优势，它是化解社区风险的主要力量，但由于资源的限制和政府能力有限，在面临各种复杂的社区风险时，政府的力量时常不能完全满足日益复杂的风险治理需求。为弥补政府治理风险的不足，社区安全风险治理需要动员市场、社会和其他力量等多元治理主体的共同参与。2023 年习近平总书记在上海考察时强调，要全面践行人民城市理念，构建人人参与、人人负责、人人奉献、人人共享的城市治理共同体。"共享"发展理念包括全民共享、全面共享、共建共享、渐进共享等四个内涵，将共建共治共享贯穿于韧性社区治理始终，是坚持治理为了人民、治理依靠人民、治理成果由人民共享的本质体现。在应对重大突发风险事件中，只有切实践行共建共治共享理念，充分发挥驻区单位参与社区共同体建设的能动性，做到人人有责、人人尽责，才能凝聚起应对重大风险的强大力量。与政府部门相比，市场主体

对某些种类的安全风险更具敏锐感知的能力，追求利益最大化的目标导向让私营部门拥有独特的市场灵活性、变革精神以及与时俱进的意识。社区安全风险治理实践可以借鉴和引进市场主体在风险识别发现、分析决策、处置优化等阶段的成功的经验和做法。同时，基层社区的社会组织、非营利组织等社会力量同样是风险防控的重要利益相关者，发挥社会组织专业性、规范性、独立性及深入基层的优势，使其能够在风险识别、宣传教育、能力培训等活动中给予支持。这个过程的实质是"休戚与共、相互依存的风险防控主体通过资源交换、知识共享和目标协商而进行的集体行动过程"。社会主体依据各自的优势资源在风险治理体系中发挥作用的同时，还可以在资源和信息交换的过程中进行相互监督，以免任何一个主体脱离风险防控的目标①。正因为如此，很多基层政府要求各级领导干部深入一线，靠前指挥，打通"最后一公里"，促进各类社会组织、社会企业的衔接配合和协同互动，打造人人有责、人人尽责的社区应急治理共同体。在基层社区安全风险治理中，实现多元主体共同参与社区安全风险治理，提高社区安全风险共治共享的水平。新时代基层社区面临风险挑战异常艰巨而突出，"防控重大风险""解决重大问题"的压力也空前巨大。在风险防控链条各环节上确立社区党委、网格党支部、楼栋党小组、党员中心户的纵向组织体系，强化党建

---

① 杨永伟、夏玉珍：《风险社会的理论阐释——兼论风险治理》，《学习与探索》2016 年第 5 期。

引领嵌入各个层面，发挥好社区党委会、居委会、业委员会等多元主体的风险治理职能，打造权责明晰、高效联动、上下贯通、运转灵活的社区应急治理体系。

（三）数据驱动，推进社区安全风险决策分析精细化

精细化是城市管理追寻的重要目标，大数据等新一代信息技术的发展，为城市管理理念创新提供了便捷高效的支撑。这一支撑的促进作用主要体现在五个方面：价值挖掘功能降低城市精细化管理成本，高效智能功能提升城市精细化管理效率，精准分析功能提升城市人性化管理水平，模拟预测功能提升城市管理科学决策水平，以及网络互动功能推进城市向精细化管理转型。[①] 通过对内外部数据进行采集、分析、筛选、处理等过程，在数据间探索隐藏的信息，全面了解决策环境。同时，技术的灵活性能够设置不同的情景，进而提供不同的决策方式，使决策更加优化科学。在社区安全风险治理过程中，部门间合作是公开分享海量数据的先决条件，要建立正式和非正式制度，加深部门间的了解和信任，深化部门间的交流与合作，积极打破部门之间数据流通的障碍，实现政府数据的互联互通和部门间利益共赢，从而提高社区安全风险分析决策精细化，使社区公共安全精细化管理上升到新层次。建立社区灾害事故预警系

---

① 熊竞：《大数据时代的理念创新与城市精细化管理》，《上海城市管理》2014 年第 4 期。

统，利用好无人机、智能传感器等技术，实时监控辖区内自然灾害、生产安全、火灾、高空坠物等风险，确保各类灾害事故预警信息迅速发布。结合使用大数据、自媒体等新技术新手段和大喇叭、吹哨子等传统手段，确保预警信息在短时间内覆盖社区全体居民。根据社区易发风险的类型、灾害影响的主要因素等进行前期的技术研判和风险预测，打造覆盖本社区的应对重大风险的数据治理平台、灾害处置方案等智能化的风险防控系统，尽快扭转社区应急管理的"重救轻防"的惯性思维，提升社区风险应对的智能化水平。

（四）平台搭建，畅通社区安全风险沟通渠道

在社区安全风险治理中，不同政府部门之间由于缺乏相关规范的沟通渠道或者由于竞争关系，在信息沟通上也常存在信息不畅的问题。同时，政府与外部市场、社会的沟通也存在成本过高的问题。由此，积极搭建合作平台，畅通信息沟通渠道，共建共享社区资源是社区安全风险治理的必然选择。为此，社区安全风险治理需要开发和建设适应社区的系统或平台。首先，要建立统一综合性信息沟通平台，保证区级政府、各街道相关部门、各社区实现内、外网互联互通，降低治理主体之间的沟通成本，上下级政府实现有效上传下达，同级部门之间可以快速传递信息，互为补充。其次，创建"社区＋"平台，建立一个各职能部门之间和各组织之间为交换和分享数据而汇集信息的机制，加强政府、社会和市场数据互联互通，吸引本地区社会组织、专业社会工作者和企业、事业单位的信

息资源的融入，完善关乎民生安全的数据库。最后，与社区居民之间要有便利通畅的沟通渠道，密切联系群众，让居民有问题可以及时反馈，有需求可以及时上报，有困难可以及时求助，为完善"最后一公里"服务。为了加强社区消防信息沟通，可以依托微信小程序等制作消防安全隐患问题线上收集系统，实现可查询可追溯，简化工作程序，提高工作效能。

（五）流程规范，提升社区安全风险处置的精细化

新技术的出现和运用倒逼政府进行管理体制机制的改革，也会冲击政府原有的工作流程。未来社区安全风险治理与技术的结合将会更加紧密，利用多种技术手段提高风险发现、识别、处置水平。关键要注意几点：一是要制定标准化的问题发现机制，统一风险标准，合理设定设备感知下的风险报警阈值，因阈值过高会带来风险盲区，过低会造成资源浪费，这需要参照多种因素进行多次科学考量。围绕重要时段、重点行业、关键部位，按照固定时间全面查、因时因需随机查、关键部位重点查的要求，建立安全风险隐患排查机制。针对隐患排查结果，制定相应隐患治理方案，并有效落实。结合辖区特点和风险类型，制订科学的风险评估方法，设定风险等级，绘制"风险一张图"，进行可视化管理。定期开展脆弱性人群统计，编制脆弱性人群清单，准确掌握辖区内老年人、儿童以及有肢体残疾或身心疾病人员等脆弱性人群情况。二是要完善问题处理机制，先要利用数据算法建立智能化的自动派单系统，然后将风险处

置落实到具体的人，管理上实行分权或授权，让一线工作人员能获得独立解决问题的行动自主权。三是要落实多元治理主体间协同化流程，比如协同谁、怎样协同、协同什么、如何保障等都要进行规范化制定，使协同过程更加通畅，降低风险防控与治理的成本。制定完善社区综合减灾规章制度，与应急管理、民政、派出所、自然资源、水利、医疗卫生等单位以及有关社会组织、邻近社区建立协调联动机制，规范开展综合减灾工作。

（六）技术支持，提升社区安全风险识别和感知敏锐度

当前我们正处于信息化向智能化过渡的阶段，物联网、云计算、大数据、区块链、人工智能等技术成为科技创新的热点，这些新型技术正为政府改进管理模式提供了技术支撑。随着信息技术的快速发展，数字社区、开放社区、智慧社区、韧性社区等概念风起云涌。在数字化技术加快发展的背景下，社区治理正在以前所未有的速度推动创新，如何运用大数据提升社区应对重大风险的精细化治理能力和技术韧性，已成为新时代创新社区治理的重要使命和战略任务。政府也积极推进"智慧城市""智慧社区""智慧消防"等的建设，力图实现政府管理现代化。在公共安全领域，运用现代科技解决难题已成常态，尤其是大数据技术，它的一个核心功能便是根据数据之间的相关性预测事物发展趋势，实现未知事物的可把握性，这对于维护公共安全是重要保障。要提高社区安全风险识别效率，更要树立智能化思维，依托各种新型技术及基础设施，为社区安全保驾护

航。毫无疑问，对技术进行开发和应用是落实当前社区安全风险治理的主要手段，通过大规模部署各种传感器，提高数据收集和提取分析能力，使用先进技术全方位识别社区公共安全风险。并融合已建成的系统资源，通过大数据和人工智能等技术手段在社区公共安全风险防控中寻找一种新的模式，在过程和实践中不断反馈、微调和优化，促进社区安全风险治理精细化水平不断提升。此外，应强化社区应急装备的科技支撑。为了强化韧性安全社区与智慧社区的衔接耦合机制，应大力推进安全智慧社区建设。建设协同管理平台 +N 项智慧应用，通过前端物联设备及 AI 智能算法对人员车辆全天候管控、AI 事件预警、事件联动与协同处理，为实现居民区的智慧式安全管理奠定坚实基础。稳步推进"双智"系统建设。安装智能型电气火灾监控系统、电动自行车智能充电场所等。积极运用消防远程监控系统、电气火灾监测、物联网技术等技防物防措施，在辖区内餐饮场所推广安装可燃气体浓度报警装置。

综上，从韧性理论指导视域来看，上海城市社区安全风险防控精细化治理基本是基于韧性理论的六大维度进行演绎和推进的，主要从空间韧性、组织韧性、社会韧性、制度韧性、经济韧性和技术韧性综合考虑，系统地设计基层社区安全风险防控的精细化治理机制，为构建安全社区安全风险精细化防控体系提供了基本的框架和理论指导。

第四章　公共卫生风险精细化防控机制建设：以上海市为例

公共卫生风险是对特大城市精细化防控能力的重大考验。特大城市外来人口聚集，流动性强，各类社区混杂，本身治理难度就大，加上公共卫生风险演化规律复杂，对城市管理者来说是一场大考，交出一份满意答卷成为各城市管理者努力的目标。为此，如何对特大城市公共卫生风险进行精细化防控，织牢群防群控、联防联控的防护网，成为城市管理者关注的重要课题。上海市在经历"非典""甲流""新冠"等突发公共卫生事件的冲击后，逐步探索构建精细化的公共卫生风险防控体系，为特大城市公共卫生风险精细化防控机制建设提供了经验参考。

一、精细化治理理念为特大城市公共卫生
风险防控提供根本遵循

精细化治理的理念和理论范式形成经历了很长一段时间，它经过了企业精细化管理、政府精细化管理，再到城市精细化管理和社会治理精细化等，它的内涵和外延也在不断变化，但基本的核心思想没变，就是追求精准、细化、标准、优化的过程，最终实现效率提升和人民满意的管理目标。

精细化治理是一个复杂的系统，它可以从理念、制度、技术、流程等多个方面进行解读和建构，主要包括多元的主体、规范的制度、现代化的技术手段、约束性的标准等，对这些内涵和要素的梳理有助于理解城市社区精细化治理的思路和方向。城市精细化治理的具体路径如下：一是人性化。城市精细化治理的最终目标是服务于人，满足城市居民对美好生活向往的需求，体现人性化管理的需要。将对人的精准管理与服务作为社会治理精细化的价值取向，提倡通过制度设计，注重利益分配和资源供给的精细化，满足社会成员的精准需求。[①] 城市治理精细化不能仅局限于以追求效率为目标的流程再造、结构优化等要素，还需要体现人文关怀以及对更好、

---

① 南锐、康琪：《社会治理精细化的理论逻辑与实践路径》，《广东行政学院学报》2018 年第 1 期。

更精致生活状态的倡导等柔性特征，将刚性管理与柔性服务有机结合。① 如果城市精细化管理过程不把人放在首要位置，精细化就丧失其应有意义和价值，很可能成为一种时尚的口号。二是专业化。城市精细化治理的重要实现路径是对各类专业知识、技能和手段的运用。其中，专业知识和技能的运用，使得城市治理可以更加聚焦于专门化的领域，避免"外行指导内行"。技术介入使获取城市治理信息的方式发生了重大变革，数据获取技术的突破必然带来治理方式的改革，也可以推动治理机制的创新，最终变革城市治理范式。② 三是精准化。城市精细化治理追求的重要目标是精准性，包括治理对象精准、方式精准、过程精准等。精细化治理是一种增量治理方式，是针对以往粗放式治理的反思和矫正，它不是要实施颠覆性的改革，而是针对特定问题所展开的精准施策。③ 四是持续化。城市精细化治理是一个不断完善、不断优化的过程，它永远是一个在路上的过程。精细化治理重要路径之一在于持续化，其重点要加强软件和硬件两个方面的工作，现在硬件已经开始配套落实，而软件包括制度建设和人们的意识。④ 相对来说，硬件建设难度不大，而软

---

① 蒋源：《从粗放式管理到精细化治理：社会治理转型的机制性转换》，《云南社会科学》2015 年第 5 期。

② 文军、高艺多：《技术变革与我国城市治理逻辑的转变及其反思》，《江苏行政学院学报》2017 年第 6 期。

③ 吴新叶：《社会治理精细化的框架及其实现》，《华南农业大学学报》（社会科学版），2016 年第 4 期。

④ 万鹏飞：《城市精细化管理重在持续化制度化标准化》，《城市管理与科技》2017 年第 6 期。

件的建设是一个长期的过程。五是制度化。城市精细化治理需要一系列制度、规范和标准作保障，确保城市治理过程中各个环节和各项工作有章可依、有规可循。城市精细化治理关键在于制度化和规范化。这就需要有一个整体的规划，对发展状况进行跟踪，以科学有效的机制进行反馈分析，使其制度化。[1] 精细化治理理论为特大城市公共卫生风险防控机制建设提供分析框架。（见下图 4-1）

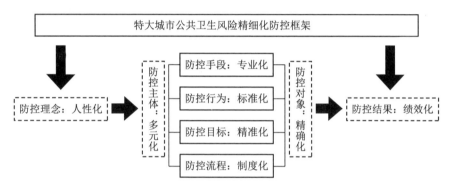

图 4-1　特大城市公共卫生风险精细化防控框架示意图

从上图可以看出特大城市公共卫生风险精细化防控过程是个复杂的系统过程，主要内容如下：（1）防控理念应坚持人性化。公共卫生风险防控过程应将人的生命安全和身体健康放在最高位置，一切防控过程和行为都应围绕着这条主线展开，把防疾病传播和治疗患者作为防控的中心任务。（2）防控目标应坚持精准性。公共卫生风险防控的目标是动员城市中一切可以利用的力量，严防死守，群

---

① 万鹏飞：《城市精细化管理重在持续化制度化标准化》，《城市管理与科技》2017 年第 6 期。

防群控，精准识别风险源和风险点，阻断风险传播的空间路径，为城市筑起铜墙铁壁，确保城市成为风险防控的堡垒，将公共卫生风险阻隔在城市以外，保障城市居民的生命安全和身体健康。（3）防控主体应坚持多元化。特大城市公共卫生风险防控中，应形成党委领导、政府主导、公众参与、社会协同等社会治理的共同体，充分发挥自上而下和自下而上的两种动员模式的优势，共同推进城市公共卫生风险防控工作。（4）防控对象应坚持精确化。在特大城市，公共卫生风险防控的核心对象是人、物、居民楼道空间、小区大门等具体容易产生或传播风险的人或地理空间，这些对象必须精确掌握，做到底数清、情况明，才有利于掌握风险防控的主动权。（5）防控流程应坚持制度化。公共卫生风险防控过程必须有各种制度保障，实现每个环节规范化和制度化，确保风险防控指挥、动员、协调、决策、反馈等各个环节有制度作保障，确保风险防控工作有规可依、有章可循。（6）防控行为应坚持标准化。公共卫生风险防控的行为和环节需要有一套具体标准指导，确保防控工作不走样。因为公共卫生风险防控工作非常专业，全过程的防控行为应按照统一标准来执行，才能确保将防控过程的次生灾害或二次伤害风险降到最低限度。（7）防控手段应坚持信息化。公共卫生风险防控中涉及风险的识别和感知、资源调度、信息传递和绩效反馈等，这些环节都离不开专业知识和现代技术的支撑。运用专业化知识和手段，有利于提高防控工作的效率和精准度，减少人力成本，掌握防控工作的主导权。（8）防控结果应坚持绩效化。公共卫生风险防控工作坚持结果导向，反对形式主义、表格主义和官僚主义，将工作精力放在风险防控工作细节上，目的是取得防控工作的实效。根据工作绩效进行监督考核，实行责任追究的精细化，建立各级管理者的责任体系，坚持领导责任、主体责任和属地责任等一体化，将城市公共卫生风险防控工作的绩效作为考核和监督各级干部的重要依据。

二、上海市公共卫生风险精细化防控体系建设的实践与探索

自 2003 年"非典"疫情后，上海市开始逐步将城市精细化治理的理念运用到公共卫生风险防控工作实践，探索建立起与城市规模和功能定位相适应的城市公共卫生风险精细化防控体系。城市公共卫生风险精细化防控体系包括防控理念、防控目标、防控主体、防控对象、防控流程、防控手段、防控结果等要素和内容。

（一）坚持防控人性化理念，体现防控工作的温度和人文关怀

公共卫生风险防控理念是否恰当，不仅关系到人的尊严和价值维护，也关系到社会的和谐与稳定。上海市坚持把人性化理念融入突发公共卫生风险防控体系，通过一系列的制度规范和政策措施将以人为本、人民至上等理念落到实处。如《上海市突发公共卫生事

件专项应急预案》（2012 版）坚持把"以人为本、依法规范"作为公共卫生风险防控的重要原则。上海市人大常委会通过《上海市公共卫生应急管理条例》（2020 年）明确，上海市公共卫生风险防控工作应当坚持"人民至上、生命至上"。近年来在防范和应对各类突发公共卫生事件期间，上海市委、市府及各级卫生部门以对人民高度负责的精神，采取人性化防控措施，确保广大市民健康，确保公共卫生风险防控工作秩序正常。出台医务人员权益保障、人才培养、表彰奖励等措施，做好公共卫生风险防控一线人员相关待遇保障。通过人性化的防控措施，不仅让普通民众心里踏实，形成了强大的凝聚力，也让政府的危机处理措施发挥最大的效应。

（二）坚持防控对象识别的精准化，提高风险防控工作的精确度

公共卫生风险防控工作本身就是一个风险管理的过程，风险管理的前提和基础就是精准识别和感知风险在何处，这就要求风险防控对象应精细化识别和感知，力争做到防控工作的底数清、情况明，为提高防控工作的精准度和有效度奠定基础。经过多年实践，上海市逐渐形成公共卫生风险的精准防控体系，构筑精准高效的公共卫生防线，保障城市健康有序运行。通过及时优化各行业防控指南，分级分类落实校园、交通等防控措施，确保城市安全。重大活动坚持"一活动一方案""谁主办、谁负责"原则，加强公共卫生风险评估，细化防控方案和应急预案，落实落细各项防控措施，确保各项

活动公共卫生安全。全面查找城市公共卫生风险防控中的漏洞或空白点，力争做到公共卫生风险识别和感知实现全覆盖、全过程，提高公共卫生风险感知和识别的敏感度，对社区、学校、养老机构等重点场所、重点人群加强防控措施，提高防控工作有效性和针对性，保障所有防控措施有的放矢。

（三）坚持防控主体的多元化，充分发挥政府、市场、社会组织和居民等各类主体的作用

上海市坚持一体化防控，探索形成协同联动、联防联控、群防群控的公共卫生风险防控体系。通过加强与海关、边检、民航、海事等中央在沪单位密切配合，上海市建立健全航班专场停靠、分流专用通道、筛查专业检测、转运专车接送、属地专责管控等闭环管理机制，实现对所有入境人员全程管控。发挥社区在公共卫生风险防控当中的主体作用，形成以基层党组织为核心，居（村）委会、社区民警、社区医务人员紧密联动，物业企业、业委会全力配合，党员、社区骨干、志愿者等共同参与的网络化防控体系，强化小区入口管理、重点人群排查、社区健康宣教，夯实公共卫生风险防控的"基层堡垒"。大力开展爱国卫生运动，正面强化权威信息发布，引导市民主动自我防护。利用主流媒体、公众号、宣传册、提示短信、知识竞赛、健康大讲堂等方式，促进公共卫生安全知识进社区、进农村、进学校、进企业、进机关。

（四）坚持防控工作流程制度化和标准化，提高防控工作的科学性和规范性

公共卫生风险防控还是一项专业性很强的工作，主要目标是切断传染源，阻隔传播途径，保护易感人群等，这就需要在防控工作中做好重点人员居家隔离、减少人员流动和阻止传染源扩散等工作。每项工作都需要一定的专业标准和流程加以指导，确保防控工作的科学性。为加强公共卫生风险防控，2020 年 4 月，上海市委市政府率先发布《关于完善重大疫情防控体制机制健全公共卫生应急管理体系的若干意见》，启动公共卫生应急管理体系建设工作。制定了疾控体系现代化、公卫体系三年行动计划、人才队伍建设、科技攻关、应急物资保障等 5 个配套文件，市人大通过了《上海市公共卫生应急管理条例》地方法规，形成了"1+5+1"政策法规体系。此外，上海充分发挥基层社区卫生部门专业指导作用，定期派公共卫生专业干部下沉到基层，明确社区各项公共卫生风险防控工作的流程和标准，统一和规范社区公共卫生风险防控工作举措。

（五）防控工作绩效考核精准化和评估常态化，压实各防控主体的责任和任务

上海市通过压实各级党委、政府属地管理的主体责任，强化各有关部门行业（领域）公共卫生事件防范应对责任，要求单位发挥管理责任，鼓励个人积极参与公共卫生事件防范应对，形成防控社

会合力。强化各级领导干部在公共卫生风险防控中的责任和担当，细化各级防控主体责任、领导责任、监督责任和属地责任等，明确公共卫生风险识别、风险评估、信息报送、应急响应及风险控制等环节中的责任，对失职、渎职或防控不力的干部进行责任追究，明确各级干部做到守土有责、守土担当、守土尽责。加强督查督办，盯紧盯牢薄弱环节查漏补缺，市委督查室、市政府督查室、市防控指挥部监督指导组、各区防控办、各部门加大督查督办力度，聚焦机场港口、隔离场所、医疗机构、地铁公交、商场超市、剧场影院、剧本杀、密室逃脱等重点场所，查找漏洞和风险点，推动整改落实，把责任压实到每个环节、每个岗位。

（六）防控手段的信息化，提高防控工作科技含量，增强防控工作有效性

上海市借助各区城市运行管理中心平台，即"城市大脑"，发挥大数据和人工智能技术作用，实现城市运行"一网统管"，提高城市公共卫生风险防控工作的智能化和精准化水平。充分利用近年来各区城市运行"一网统管"体系建设中的城市运行管理中心平台"城市大脑"功能，发挥大数据和人工智能作用，提高城市神经末梢感知风险的敏锐性和感知能力，实现"一屏观全域、一网管全城"的目标。加强公共卫生风险防控相关部门之间信息沟通、资源共享，通过智能化视频监控和物联感知网络，网格站点人员流动的巡查，充分发挥基层干部"瞭望哨"的作用，及时发现和报告可疑外来人

员信息，进行综合的研判，高效调度联动联勤队伍进行现场响应，发挥"一网统管"耳聪目明、精确研判、四肢协同、精准发力等作用，提高超大城市应对突发公共卫生事件的快速反应能力。组建专家组，全程参与公共卫生风险防控的科技攻关、社会引导等方面工作。

总之，在精细化治理理念指导下，上海公共卫生风险防控的实践和探索取得了阶段性成果，反映了上海多年来城市治理创新工作取得重要进展和显著成效。

三、精细化治理视域下特大城市公共卫生风险精细化防控机制建设和优化路径

2019 年 1 月 21 日，习近平总书记在中央党校省部级主要领导干部坚持底线思维着力防范化解重大风险专题研讨班上指出，要完善风险防控机制，建立健全风险研判机制、决策风险评估机制、风险防控协同机制、风险防控责任机制。根据特大城市安全风险精细化防控过程的要素和内容，结合当前重大风险防控机制建设的要求，精细化治理视域下特大城市公共卫生风险防控机制建设至少可从文化、制度、机制和技术等四个层面着力，坚持精细化治理的人性化、精准化、精确化、多元化、信息化、流程化和制度化等价值理念和精神，目标是编牢城市公共卫生风险防控网，筑牢城市公共卫生风

险防控的堡垒。

（一）文化层面：加强精细化和人性化的风险防控文化建设，铸就特大城市公共卫生风险防控机制建设的灵魂与精髓

1. 加快培育安全风险文化

安全行为文化是指人们在生活和生产过程中的安全行为准则、思维方式、行为模式的表现。文化是一种灵魂深处的东西，更多是一种行为规则、思维方式，它对人的行为和思维是一种潜移默化的影响，因而在城市公共卫生风险防控中必须融入精细化治理的文化，使防控过程中每个环节都能体现"严、细、精、密、准"等特点。对此，应创新城市安全文化形式，增强社区居民的安全素养和意识。

一是开展参与面广的公共卫生应急演练。结合公共卫生安全应急演练与宣传教育和公共卫生事件应对培训，参照公共卫生管理要求和相关应急预案，编制年度应急演练计划，每年组织开展突发公共卫生事件应急综合演练。充分吸纳社区（居村）居民、社区（居村）内企事业单位、社会组织和居民志愿者等广泛参与，定期组织社区骨干、物业人员、业委会委员等开展公共卫生事件应急演练。组织辖区内企事业单位结合自身实际，每年定期开展突发公共卫生事件应急演练。演练结束后及时开展效果评估和跟进。

二是打造全方位的宣传阵地和平台。加强卫生与应急、教育、科委、民防、气象等部门的协调沟通，推动公共卫生科普宣传教育基地、网络教育平台和体验场馆等场所建设。鼓励有条件的社区建

设公共卫生科普宣传教育基地或应急体验馆，定期向社会开放，为中小学生、老年人、残疾人等不同社会群体提供体验式、参与式科普宣传教育服务。综合利用街道、社区综合服务设施和社区多功能活动室、会议室、图书室等，设置公共卫生防疫科普宣传教育专区，张贴防疫法律法规和有关常识、灾害风险图、隐患清单、应急预案流程图等宣传挂图，方便居民学习了解。

三是开展多样化的宣传教育活动。聚焦公共卫生安全宣传"五进"，结合全国防灾减灾日、安全生产宣传月、消防安全宣传月等重点活动，每年组织开展街镇级的公共卫生宣传教育活动，加大安全宣传动员力度，普及市民安全知识，提升市民安全文明素养。充分发挥广播、电视、网络、手机、电子显示屏等载体的作用，做好经常性公共卫生安全科普宣传教育。积极开展群众性公共卫生安全文化创演活动，鼓励文艺团体、业余文艺演出队进行相关文艺创作。定期开展符合当地特点的公共卫生安全培训，发放社区和家庭应急指导手册，提升居民应对公共卫生安全事件的预防和自救互救技能。鼓励辖区内企业开展"公众开放日"活动，邀请社区居民走进企业，近距离接触生产、了解生产，为企业公共卫生安全建言献策。

2. 强化人性化风险防控理念

根据精细化治理的要求，精准识别公共卫生风险传播主体和空间的风险，及时作出科学的研判和分析，评估城市各类主体和空间存在的风险等级，实行差异化的风险管控方案，及时加强与民众沟通，充分发动城市各类主体积极参与风险防控过程，明确各自应有的责任，共同参与城市公共卫生风险防控的工作，根据公共卫生专业的要求，制定具体的标准和流程，规范公共卫生风险防控的过程和环节，努力做到科学防控与群众防控相结合，提高城市公共卫生风险精细化防控的水平，将公共卫生风险消除在萌芽状态。同时，城市公共卫生风险防控坚持人性化的人文关怀，要求在风险防控过程中，一方面采取顶格措施应对突发公共卫生事件，重点保障居民的生命安全和身体健康，这也是城市公共卫生风险防控工作的逻辑起点和落脚点。但另一方面，所有防控措施也要考量市民的基本权益维护和合法性，如隐私权、人身权、知情权等方面的保护。如在社区进行居家隔离的人员或来自重点区域的名单等信息必须注意保密，防止引起其他社区居民排斥和歧视。所以在城市公共卫生风险防控政策制定、执行和考核中，要始终坚持人性化和人文关怀，对不同群体合法合理的权益给予充分考虑和照顾，确保防控工作有更好的群众认同和支持，争取达成推进城市公共卫生风险防控工作的共识。

（二）机制层面：健全和完善风险识别、评估、预警、执行和责任追究等机制，构建完善的城市公共卫生风险精细化防控体系

1. 健全公共卫生风险识别和研判机制，精准地识别和感知公共卫生的风险

古人云，凡事预则立，不预则废。这表明在城市公共卫生风险防控中首要任务是识别和感知风险传播的源头和路径，可能存在潜

在影响的人和群体，只有做到底数清、情况明，才能为后续风险防控工作提供主动权。首先，要健全风险研判机制，主要是强化对公共卫生风险的识别和排查，加强公共卫生事件危害和风险传播路径的精准研判，对城市里的风险传播空间、时间和具体易感人群要有充分的研判，做到心中有数，眼中有物，为采取针对性的风险防控措施提供条件。其次，要加大公共卫生风险感知的神经末梢体系建设，加强一线工作人员关于公共卫生风险感知能力的建设，提高一线工作人员的敏锐度，通过各种手段，及时收集本地区传染病患者的信息、疑似病例信息及与患者密切接触者信息、来自涉疫重点地区人员等数据。根据各类信息汇集和共享，对突发公共卫生事件暴发的危害度、影响人数及应对措施和资源有全面地了解。最后，可以根据精细化治理的要求，绘制城市的公共卫生风险可能传播的风险地图，标注城市的风险点，如城市交通枢纽防控点、居民楼的风险点、城市外来人口返回居住地的时间和重点地区的人员、社区里的特殊群体（如孤寡老人、精神病人、残疾人等），对城市人、财、物、信息等要素了如指掌，对可能影响风险传播的敏感因素要做到心中有数，对公共卫生事件未来的影响和基本的发展趋势有清晰和准确的研判和把握，主动谋划具体的方法和思路，把可能扩散的风险化解在源头，将危害降低到最低限度。

2. 健全公共卫生风险评估和预警机制，精确地判断公共安全风险等级和危害

通过梳理全国各地城市公共卫生风险防控实践来看，很多一线干部普遍反映特大城市里新建成的新商品房小区居民风险防控意识较强，社区居民安全素养、参与意识等方面表现都比较好，在公共卫生风险防控中抵御风险的能力相对较强。而部分20世纪七八十年代建造的老式居民小区，硬件规划和设计相对比较陈旧，很多商业设施内嵌在社区内部，社区功能齐全，便于生活，但人员繁杂，流动性强，部分居民风险防范意识普遍比较薄弱，致使这类社区风险防控的任务特别艰巨。因而，这必须要求各级干部对自己所管辖区域的特点进行充分的风险评估和研判，从而选择适合本地区行之有效的管控手段。这种分层分类的管控模式的选择，必须体现精细化治理的理念。同时，在排摸和评估传播公共卫生风险的群体、物和空间等要素的基础上，有针对性地设计宣传和教育的方案，加强对城市居民的告知和提醒，教育引导城市居民遵照城市公共卫生风险防控的规定，做好自身的防护，管好自己的人、看好自己的门，尽量减少人员的流动，这些风险预警提示的活动为风险防控工作创造了良好的社会氛围。

3. 健全防控决策设计和决策风险评估机制，科学地选择公共卫生风险防控的决策方案

精细化治理视域下的特大城市公共卫生风险防控决策过程要体现精细化和人性化，在具体研究决策对象上要突出精细和细节，坚持决策主体多元化和决策方案科学化、决策风险评价精准性。特大城市决策议程设计中，重点关注城市公共卫生风险防控中的短板和问题，考虑人、物、设施等城市要素的调整和配置，通过精准、细

致的决策方案选择来加以解决。如对于防控中容易成为风险点，但同时又是宝贵资源的地下空间，要学会在规划社区空间时注重适当的战略留白，当社区面临重大公共卫生风险时，能够实现快速新建或通过存量空间功能的快速转换，提升社区对重大风险的应对力、适应力和恢复力，确保社区能够以最小的代价度过危机状态。对居民社区开展打通"生命通道"专项调研，将存在"小区停车位紧张""小区内部道路通行情况复杂"等客观实际情况的居民小区，分类分级制定攻坚整治方案，特别是对其中难度较大的小区，依托区政府民生实事项目，以开辟"小区卫生防疫专用通道"的形式，打通"生命通道"的最后100米。在决策方案选择中要考虑多元主体的参与，尤其是公共卫生专家、法律专家等方面人士参与，提高公共卫生风险防控决策的科学性。还要充分考虑到方案实施中不同利益主体的合法、合理、合性的诉求和权益，确保各类主体权益得到有效的保护。同时，在公共卫生风险防控决策设计和实施环节，应完善各类决策风险评估机制，其中包括有效信息甄别、专家学者参与、决策效果评估、决策后果反馈、决策追踪完善等方面的工作，通过周到而全面的分析和决策过程，减少防控中应急决策的负面影响，降低决策生成次生灾害的可能性。

4. 健全风险信息公开与沟通机制，规范和畅通风险信息沟通的渠道

在危机事件应对中，信息就是生命，公开是最好的预防，让民众及时、准确、全面知晓公共卫生风险信息才能树立更强的风险防

范意识，切实做到早预防早发现早治疗。在特大城市公共卫生风险防控中无论对各级干部还是普通民众来说，有关风险传播和控制措施等的信息就是一种资源和财富，谁掌握了信息谁就掌握了主动权。风险防控的信息包括国家公共卫生风险防控的形势和任务、各级政府关于公共卫生风险防控的政策和手段、城市空间风险源、敏感群体及个人如何防护的知识等。特大城市公共卫生风险防控就是一个与民众不断沟通的过程，是不断动员城市各类主体积极参与风险防控的过程。根据精细化治理的要求，信息源要公开、真实和权威，信息渠道畅通，传播信息的方式和载体可以多元，在信息传播中也要保护个人的隐私和合法权益，防止信息滥用，导致公民合法权益受到侵害。对此，网络技术为公共卫生风险防控提供了重要支撑。在网络新媒体技术的加持下，风险防控主体的信息公开要逐渐由被动转为主动，提高信息公开的覆盖面、精细度和及时性。一是由传统的小范围公开变为全面公开，不仅包括如新增确诊、治愈、死亡等基本信息，还包括专业医疗信息、团购菜品价格、物资配送、志愿者队伍、外部捐赠等其他多种信息名目。二是由粗略性公开向精细化公开转变，如原本只公开至风险小区楼栋，逐渐细化到家户甚至个人。三是及时性提升，逐渐实现第一时间公开。同时，城市可以依托民众举报、投诉和反馈信息的渠道和平台，便于政府部门及时收集民众对公共卫生风险防控中的意见和建议。通过畅通民众自下而上反映问题的渠道，更好地了解特大城市公共卫生风险防控中存在的短板和问题，为今后改善特大城市公共卫生风险防控工作创造条件。

5. 健全风险协同处置和应对机制，动员多元主体参与公共卫生风险防控过程

根据精细化治理的要求，在特大城市公共卫生风险防控中应坚持党的领导、政府主导、公众参与和社会协同治理，形成全社会共同参与的合力。特大城市的公共卫生风险防控战是一场全民战斗，必须通过群防群控、联防联控形成全方位、立体化的防控网。政府在公共卫生风险防控中发挥主导作用，把动员城市居民作为防控工作的落脚点，民众参与的程度、响应的效率如何直接影响防控的成效。政府的力量毕竟是有限的，在公共卫生风险防控方面切不可唱"独角戏"，这就要广泛动员各类主体的参与，形成多元主体共同参与协同治理的新格局。发挥社会主体、市场主体及广大民众的作用，广泛发动各类市场主体、社会主体参与公共卫生风险防控，社区属地企业落实防控的主体责任，号召民众积极支持配合政府的防控措施，弘扬志愿者精神，在小区门岗值班、人员排摸、信息登记等具体工作中发挥社区志愿者的作用。加强政府与民众、政府与市场之间的互动，形成人人有责、人人担责、人人尽责和人人参与的公共卫生风险防控共同体，整合特大城市公共卫生风险防控合力。加强党建引领，在横向上要发挥党的总揽全局、协调各方的领导作用，构建共建共治共享的韧性社区治理同心圆；在纵向上着力打造韧性治理协同链，明确社区党委会、居委会以及业委会等不同主体的职责功能，充分发挥好政府的主导作用、自治组织基础作用、社会力量协同作用和社区居民主体作用等。

6. 健全风险防控的考核与责任追究机制，明确各类主体的防控责任

在突发公共卫生风险防控中，必须明确各类主体的责任，形成完整的风险防控责任体系，确保防控的领导责任、属地责任、主体责任、公共责任等各项责任落地。在特大城市公共卫生风险防控中，要根据国家有关部门的工作总体部署，明确各级党委政府将有效防控公共卫生风险的传播和扩散当成一项重要政治任务，切实承担起"促一方发展、保一方平安"的政治责任。根据突发公共卫生事件法律法规要求，明确并严格落实公共卫生风险防控责任制，发挥责任追究机制作用，明确要求各部门和各级干部履职尽责，反对形式主义、官僚主义，对失职渎职的干部进行责任追求，将防控的责任落到实处，确保各种防控措施到位，真正实现政令畅通、措施到位，将各类防控工作做实做细，保证防控工作万无一失。同时，根据相关法律法规，明确民众在公共卫生风险防控中的社会责任，要求其积极配合政府采取的应急措施和手段，履行公民面对危机时应有的公共责任，对有令不行、无视法纪、不履行公民义务的，追究其相应刑事和行政责任。对此，应加强公共卫生风险防控责任体系建设，打造权责明晰、高效联动、上下贯通、运转灵活的突发公共卫生事件治理责任体系。

（三）制度层面：加强防控过程的流程化和标准化，增强特大城市公共卫生风险防控工作的规范性

标准化是城市精细化管理的必要条件，是实现城市精细化管理的重要基础和技术支撑；标准化是手段，精细化是目的；标准化是过程，精细化是结果。在特大城市公共卫生风险防控中引入标准化和流程化的理念，要求主管部门根据风险防控的需要，将城市各项防控行为和措施标准化和流程化，指导城市各级干部防控工作，减少一线干部防控工作中的风险和差错，提高防控的效果。因而，将人员排查、医学观察人员管理、信息报送、社区消毒、隔离人员服务、门岗值勤、个人防护等具体防控行为规范化和流程化，减轻公共卫生风险防控一线干部和志愿者的负担，提高防控工作的科学性和专业性。同时，将标准化和流程化理念嵌入特大城市公共卫生风险防控中的风险识别、风险评估、风险决策、风险沟通和风险控制等全过程，通过各项制度和规范明确特大城市公共卫生风险防控的各个环节，保证风险防控工作规范性和持续性。制定完善公共卫生风险防控工作制度，规范应急值守、隐患排查、风险评估、物资保障、联动处置、现场救援、社会参与、应急征用、舆情应对、灾害救助、绩效评估等各项工作机制，不断提高公共卫生风险防控的规范化、标准化水平，提高工作实效。制定完善公共卫生风险防控规章制度，与街镇应急管理、民政、派出所、自然资源、水利、医疗卫生等单位以及有关社会组织、邻近社区建立协调联动机制，规范开展综合减灾工作。

（四）技术层面：大力运用现代化信息技术，提高公共卫生风险防控的精准性和有效性

面对突发公共卫生风险防控工作的紧急性和压力，可大力发挥

大数据、人工智能、云计算等现代科技手段的功能，发挥现代化技术在风险感知和隐患识别、辅助决策、资源调度及治理绩效评估等方面作用，提高公共卫生风险防控工作的科学性和精细度。运用现代技术确保风险防控过程的精细化，力争做到风险识别、风险沟通、风险评估、风险控制和风险反馈等工作精细到位，构建严密的公共卫生风险防控网，将人力、信息、资源、机构和设备等要素根据需要进行精准匹配，提高防控工作的精确性和高效性，更好提高各级政府公共卫生风险防控的质量和水平，力争及时高效地控制公共卫生风险，消除其给经济社会带来的负面影响。整合内部管理资源，依托网格化管理，将公共卫生风险隐患排查内容纳入网格化发现范畴，通过定时巡查、及时上传风险隐患、跟踪处理情况等方式进行动态管理。结合基层"科技＋制度赋能风险防范项目"，依托数字化信息系统，建立区、街道和居民区一体化城市公共卫生风险治理应用场景，加强对城市公共卫生风险的智能化动态管控。同时，可以发挥城市大脑的平台功能，通过"健康云"的手段采集居民与公共卫生风险相关的信息，将每个居民的信息上传到市和区大数据平台，形成不同等级的健康码，根据不同程度健康风险对不同群体进行分类和差异化的管理，提高公共卫生风险防控的针对性和有效性，实现风险防控智能化和智慧化，达到精准防控和智慧防控的效果。

总之，上海公共卫生风险精细化防控体系建设实践，是在实现韧性城市建设的目标进程中，在精细化治理的理念和意识指导下，围绕着空间、组织、制度、社会、经济和技术等维度，不断探索完善公共卫生风险防控机制的过程。

第五章 安全生产领域风险防控合作监管模式探索：以上海引入第三方机构参与安全生产风险防控为例

随着工业化的发展，城市逐渐聚集了数量众多的企业，安全生产监管难度越来越大，"小马拉大车"是安全监管工作绕不开的一大难题。特大城市运行安全风险防控中最主要的风险来自安全生产领域，其中包括交通运输、建筑工地、消防火灾、企业生产、生命线工程、人员密集场所等领域，这些领域一旦出现突发事件将会导致大面积人员伤亡和财产损失。如 2015 年天津"8·12"港口爆炸事故、2015 年深圳"12·20"光明新区滑坡事故等，这些事件或事故都是发生在特大城市运行中严重的危机事件，主要原因还是其中生产安全领域风险防控系统失灵，导致系统脆弱性集中爆发，产生了严重的危机事件。因而，各地都在不同程度地探索安全生产领域的风险防控机制建设，主要目的是织密安全风险防控网，把风险防控工作做实做细，体现了精细化治理的理念。本章重点探讨如何提高

韧性城市建设中的社会韧性，引入第三方机构在安全生产领域进行
合作监管实践，分析其中的优势和不足，为安全生产风险防控机制
建设提供参考和指导。

一、上海市松江区引入民非组织参与企业重大事故隐患排查和体检的探索

2023 年 4 月，国务院安委会印发《全国重大事故隐患专项排查
整治 2023 行动总体方案》，明确规定在全国范围组织实施重大事故
隐患专项排查整治行动，围绕切实提高风险隐患排查整改质量、切
实提升发现问题和解决问题的强烈意愿和能力水平，坚决扭转重特
大事故多发的被动局面。近年来，松江区应急局发挥民非组织上海
松江九安应急安全服务中心（以下简称"九安应急服务中心"）在企
业重大事故隐患排查和体检中的作用，并取得了一定成效，其中部
分措施和经验值得借鉴和推广。

（一）松江区应急局引入九安中心参与企业安全生产隐患排查和体检的实践探索

2022 年 10 月，松江区应急局委托九安应急服务中心针对辖
区内近期发生过事故、被行政处罚过、存在重大事故隐患的 30 家
企业开展了"免费安全体检"，通过线上问卷、电话沟通、上门辅

导，为企业送去了"安全礼包"。其中主要任务是指导企业进行重大事故隐患排查和体检工作，借助市应急管理专家力量，提高主动发现问题的能力，对体检中发现的问题坚持"不通报、不处罚、不公开"，仅为应急局精准监管提供依据，为企业整改提供有效参考，这改变了以前政府监管的刚性模式，寓监管于服务之中，提高安全防范精准性，为企业安全生产工作提供指导服务，真正为企业纾困解惑，相关服务为公益免费，也不额外增加企业的负担，深受企业欢迎。

数据显示，截至 2022 年 12 月 31 日，通过"三个一"活动完成第一次上门辅导的企业共有 26 家，完成率达到 83%，22 家企业提交了线上自检问卷，完成率为 73%，通过上门辅导进行安全生产整改的企业有 8 家，发现拒不配合、不愿意自查的企业有 4 家，不重视安全生产、互相推脱的企业为 2 家。通过掌握实情、把脉问诊，在第一批 30 家企业中共找出问题 103 条，同时，对症下药，每家企业出具清单化辅导结果，对问题持续跟进辅导。对问题的解决，实行清单制度、台账制度，解决一个销账一个，不解决问题决不销账，以实效结硬账。松江应急局动员九安应急服务中心为企业进行重大事故隐患体检的做法是对安全生产监管模式的创新，让应急管理部门能够及时掌握下级安全生产管理情况，使安全生产管理数据"有处可查""有据可依"，有利于建立安全生产管理机制，真正成为应急管理部门安全生产管理深入基层的触手。

（二）从松江区引入民非组织参与企业重大事故隐患排查和体检探索的启示

政府部门作为公共权威机构，其优势和独特作用不在于解决应急管理中的技术性问题，而在于为多元主体的有效参与设计良好的制度环境，激励专业化机构贡献其专业知识和技术。从松江应急局引入民非组织参与安全管理实践可看出，民非组织在企业重大事故隐患排查和体检中发挥了重要作用，为提升基层应急领域共建共治共享能力提供了一种新的路径选择。

第一，政府安全生产监管引入合作监管的理念，构建了政府和社会主体之间合作监管的框架和模式。松江区引入九安应急服务中心协助企业进行重大事故隐患排查和体检转变了政府单一监管主体模式，充分发挥社会主体的作用，坚持共建共治共享的社会安全共同体建设的理念，有利于提升基层共建共治共享能力，便于形成大安全大应急的格局。

第二，弥补了政府监管的不足，提升了政府监管的效率。以九安应急服务中心为代表的民非组织具有开展安全隐患排查的专业优势，能够对企业开展持续、精准跟进，以相对灵活的方式深入企业了解其安全生产责任落实情况，有助于弥补政府监管刚性的不足，降低政府直接监管成本。通过进企业开展重大事故隐患排查和体检等公益性服务活动，重点协助企业绘制重大事故隐患清单，这是一次"精准辅导＋优质服务"，坚持"不通报、不处罚、不公开"，解除了企业的后顾之忧，为企业送去的是"安全礼包"。推动政府对企业安全监管模式从发现问题进行"刚性处罚"转变成针对问题进行整改的"柔性指导"模式，变事后的惩罚为事前的指导，有利于调动企业主体自我发现问题的积极性和主动性，也提升了政府监管的效率。

第三，弥补企业重大事故隐患体检的专业性不足和资金短缺问题。企业受限于资金、人力和场所设备等客观条件，加上部分企业负责人缺乏安全责任意识，往往疏于自检，部分企业甚至拒不配合、不愿自查，容易埋下安全隐患。以九安应急服务中心为代表的民非组织则以公益服务的形式，为企业的安全生产管理纾困解难，对企业进行量身制定的体检，有助于企业辨识风险，排查隐患，降低事故发生概率。其实，在调研中也发现，企业不是不愿意做重大事故隐患的体检，而是缺乏必要的专业和技术支持，他们都对企业重大事故隐患排查和体检有巨大的需求，民非组织介入为企业提供的重大事故隐患排查和专业性的体检指导满足了企业安全发展的需要。

（三）进一步发挥民非组织在企业重大事故隐患和体检中功能的思路

第一，引入合作监管的理念和机制，完善相关的制度和标准，明确民非组织在企业重大事故隐患排查和体检中功能，为民非组织参与企业合作监管提供制度保障。目前，民非组织参与企业安全生产重大隐患排查方面尚缺乏明确和可操作性的制度和标准依据，主要以政府单方面委托的形式参与提供相应服务。另外，由于民非组织缺乏相应的制度性权利保障，在开展企业安全生产重大隐患排查中容易导致部分企业的不理解和不配合。建议在后续政策中引入合作监管的理念和机制，加强制度的设计和标准的制定，明确规定其服务范围、服务标准和权责分工，为民非组织参与企业安全生产监管提供保障。

第二，加强对民非组织的指导和监管，从源头上消除民非组织的参与监管权力变异的风险。当前，部分民非组织主要以免费公益服务的形式为企业安全生产提供专业指导，面临服务成本与服务宗旨之间的冲突，为避免民非组织以隐蔽方式对企业收取费用，应加强全流程监管，重点在资质确认、方案制定、过程追踪、成果验收等环节设置相应的审查和纠偏机制。鼓励被服务企业与民非组织之间开展互评，及时向社会公开民非组织参与服务提供的收支状况，接受社会监督，提高民非组织的公信力和透明度。建立民非组织诚信黑名单制度，加大对违规变相收费行为的处罚力度。

第三，探索政府采取购买服务的方式，培育一批专业性的民非组织，发挥民非组织在企业重大事故隐患排查和体检中的功能。当前，民非组织作为一种新兴的社会服务组织，其自身发展仍存在诸多限制因素。为鼓励专业性民非组织发展，可采取政府购买服务的方式，鼓励其参与企业安全生产重大隐患排查等服务过程。对接受政府委托、承担公益服务的民非组织，应急局可联合民政、税务等部门，加大税收和金融支持力度，并根据实际情况给予补助，落实相关税收优惠政策。建立专业性民非组织名录和服务清单，加快民非组织服务能力标准化建设，提高民非组织从业人员待遇和职业素养。

第四，加强对民非组织数据和信息安全的监管，确保民非组织掌握的数据和信息排他性的使用，消除企业的生产经营相关信息泄露的风险。民非组织在企业重大事故隐患排查和体检中，必然会涉及企业的生产和经营相关的信息，为了避免企业的担忧和顾虑，必须健全企业信息安全监管制度，加强对民非组织信息收集和使用的监管，建立长效安全信息监管机制，消除企业后顾之忧，调动企业配合民非组织进行重大事故隐患的排查和体检工作的积极性。

二、上海市交通委探索第三方机构在安全生产领域风险合作监管的实践

市场主体参与安全监管工作有利于打造共建、共治、共享的"大安全大应急"格局，是新时期应急管理向应急治理进阶、提升应急工作总体效能的一大趋势。笔者专门赴上海联茵技术有限公司调研，了解到上海市交通委与市场主体通力合作，构建了"上海市交通运输行业第三方安全监控平台"，其中的部分措施和经验值得借鉴和推广。

（一）上海市交通委第三方安全合作监管平台的实践探索

上海联茵信息技术有限公司（以下简称"联茵"）于 2016 年创立了交通大数据平台，是道路运输行业第三方安全监测平台的大数据运营商和服务商，是交通运输行业内一家专业从事第三方安全监控的研发公司。为了进一步创新监管手段，提高监管效能，上海市交通委通过与联茵公司于 2014 年 1 月 1 日建成并运营"上海市交通运输行业第三方安全监控平台"（以下简称"监控平台"），对上海市 21032 辆"两客一危"（从事旅游的包车、三类以上班线客车和运输危险化学品、烟花爆竹、民用爆炸物品的道路专用车辆）运输车辆、6298 辆土方车、6229 辆搅拌车、164524 辆重型货运车辆进行 24 小时实时检测服务，推动行业安全管理合作监管的模式创新。平台上线后，主要有以下三个功能和效果：

第一，平台构建了动态、实时的安全监测机制，实现行业违规运营报警数量和事故数量的"双下降"。监控平台通过对上海市相关营运车辆安装电子监控设备，实现了对车辆运载过程的实时监控，并通过对车辆行动轨迹和驾驶员行为模式的数据分析，构建了设备终端提醒的"一级报警"和监控中心实时提醒相关企业和驾驶员的"二级报警"工作机制。据悉，自平台上线以来，上海市 6 年来的报警总数下降了 90%，事故减少了 50%。在 11 个省市推广以来，所监测范围的车辆没有发生一起重特大交通事故。

第二，第三方平台的监管工作以及留痕数据能够帮助企业规避交通事故风险，也帮助政府交通管理部门规避了行政责任风险。例如，2021年4月4日0时30分，沈海高速公路发生了重型半挂牵引车与大客车相撞的事故。在对交通委监管责任追责的过程中，由于联茵公司提供了详细的安全监管数据，极大地减少了市交通委的事前监管责任，实现了精细化监控、数字化留痕和精准性问责的监管效果。

第三，大数据分析赋能行业风险管理，优化了安全监管的市场机制。监测平台通过对车辆行驶数据和运营企业的数据分析，形成了企业和车辆的"风险画像"，也给车辆营运公司、保险公司和保险中介机构带来广泛的经济效益。首先，营运企业风险意识显著增强，管理手段从粗放式向精细化转型。其次，保险行业得以优化传统定价模式，并根据实时监控数据，为企业进行防灾防损工作，防止事故发生。最后，平台将依靠保险费率浮动机制和无赔款安全奖励机制，使运输企业出于保费成本考虑而主动强化安全意识，加强安全管理。

（二）上海市交通委第三方安全合作监管平台建设的实践启示

高风险社会中风险的内生性与灾害的常态化趋势均表明，单靠政府部门已经无法管理社会风险与应对各类接踵而来的灾害，难以满足人们的公共安全需求，政府、市场与社会共同构成了城市风险防控的重要主体。近年来，我国大量企业高效参与重大自然灾害防治、安全生产监督、疫情防控等工作，展现了企业参与城市运行安全风险防控的中国力量与中国速度。但企业作用发挥不充分、市场力量缺失而导致城市运行安全风险防控体系的结构性失衡，仍然是我国城市运行安全风险防控的关键短板之一。上海市交通运输行业第三方安全监控平台的实践探索，突出了市场主体参与安全监管的可行性和典型性，为市场主体参与合作监管提供了新的工作思路。

第一，纳入市场主体，合作"共建"安全监管平台，有助于节省政府主体的监管成本。社会主体对应急管理的主动参与，首先在于存在一个能够激发其参与动力的制度化平台。这种平台的建立并非只是政府一家的独奏，而是社会主体与政府部门共同合作的结果。政府与市场力量合作，构建数字化的监管平台实施监管，不仅可在一定程度减弱政府一元兜底监管的行政压力，还可以充分吸纳市场监管资源，提高政府监管的专业化水平和资源整合效率。从联茵的案例可见，政企合作构建的监管平台实现了对政府和企业的双向赋能。一方面，市场主体弥补了政府在安全监管市场的专业性问题，解决了车险市场混乱的现象，还将监管的重心从"事后监管"扩展到"事前监管"和"事中监管"，构建了全链条监管的一站式风险防控管理模式；另一方面，企业主体通过平台的中介地位，获取了一定的经济收益。例如，为保险提供精准数据服务，并向保险公司收取查询费用，等等。

第二，发挥市场主体的能动性，提高"共治"监管绩效。政企合作监管中，作为市场主体的企业享有资源匹配、技术创新和灵活敏捷等组织优势，能够利用最先进的技术手段和组织架构设计，实现高效监管、灵活监管，提高了安全监管的整体效能。从联茵的案例可看出，市场主体通过市场化的经济手段，推动安全监管工作"关口前移"。通过实时检测数据和运营车辆保险费率浮动模型，监测平台得以激励运输企业抓好安全管理工作的积极性，进一步建立以事故预防为导向的道路运输新机制，增强企业法人的安全主体责任意识，强化驾驶员安全行车法制意识，推进企业安全责任和措施的落实，进而提升全行业安全服务整体水平。政企关系的融合和监管环境的优化，需要一定的黏合剂。政府虽不直接参与城市安全监管的具体技术细节，但并不是意味着完全放手不管，而是要通过建机制、出政策、造氛围，不断吸引更多的企业自觉、自愿参加，强化政企联动。

第三，监管成果多方"共享"，经济社会效益高。合作监管机制的可持续性依赖于多元主体都能够从安全监管中得到收益。从联茵的案例来看，政企合作的检测平台在监管成果上体现出了"共享"特点，具有广泛的经济效益和社会效益。只有企业最了解企业，也只有"对症施治"才能"药到病除"。安全生产要实现长治久安，就要从事后处理向事前预防转变，从事故管理向隐患管理转变。正因为上海市交通委第三方安全监控平台从一开始的设计就是遵循社会共治理念，其建设成果也实现了社会共享。一方面，从经济效益看，对于货运企业而言，大数据平台建立起来后就能对全行业运营状况进行全面清晰地掌握，实现货运行业的精准化管理，改善安全状

况，提升经济效益。例如：能准确分析货运行业运力使用情况，减
少空载率等。其次，对于保险行业而言，保险经纪建立的道路运输
第三方安全监测平台已经辐射货运车行业，通过动态数据的实时监
控、收集和分析，将分散的数据资源进行统一整合，逐渐建立起大
数据平台，为保险公司出台货运车专项保险产品提供数据支撑，优
化传统定价模式，最终实现货运车行业和保险业的双赢。另一方面，
从社会效益看，道路运输第三方安全监测平台是构建了"互联网＋
交通运输＋保险"的创新模式，成为交通运输安全检测领域"可复
制、可推广"的创新模板。利用平台这一创新的模式，能更有效、
更直接地强化运输企业主体责任落实，显著提升道路运输安全管理
能力，预防和减少交通运输事故的发生，确保人民生命财产安全，
确保交通运输行业和谐稳定发展，共建平安社会。

（三）安全监管第三方平台运作的主要痛点和堵点

在当前应急管理安全监管任务日益繁重、监管资源和环境约束
不断强化、监管风险不断提高的大背景下，引入市场力量参与合作
监管机制亟待推广。尽管政府应急、安全领域合作监管市场有需求
以及第三方机构合作积极性高，但由于缺乏制度化设计安排，仅零
散有一些个案性的改革探索，尚未形成制度化、体系化推进机制。
从联茵的案例来看，主要有以下几个共性的痛点和堵点：

第一，第三方平台自身营运成本制约合作监管绩效。由于第三
方平台公司往往是一种中介性质的平台机构，机构本身存在一定的

营运成本。例如，设备安装成本、运营成本、数据和平台管理成本，等等。虽然政府部门一般对合作监管平台有财政补贴，但一般很难覆盖运营成本，第三方平台的行稳致远还需要自我造血的能力。例如，市交通委与联茵合作共建的监管平台每年只有210万的财政补贴，远低于平台运维成本。市交委的第三方监测平台之所以正常运作，得益于联茵公司也依托于监测平台从事保险经纪业务。

第二，行业法律法规的缺位制约合作监管的覆盖度。以交通行业为例，目前"两客一危"已经有国家文件规定客车必须安装智能监控设备以减少事故发生率。但如今，渣土车、搅拌车等重型货车的事故率呈现上升趋势，却缺少法律规范支撑将城市内这些重型货车接入智能化监测平台。部分重型货车并没有安装智能视频监测设备，一方面是因为缺乏强制有力的规范，另一方面是企业安装设备成本高昂，营利性企业安装设备的积极性不高。目前情况是，虽然有规范性文件鼓励重型货车安装智能设备，然而对于所有重型车辆接入平台并没有明确规定。这就制约了第三方监管机制的覆盖范围，造成监管缝隙和潜在风险。

第三，政府职责分割制约了合作监管的整体效能。安全监管领域的公共事务往往具有综合性，不同的监管对象往往对应不同的监管部门。例如，目前交通委只能对一些事故率相对较高的车辆类型进行监管，比如说客车、危险运输车辆、重型货车等，然而对于同样有事故率的校车、网约车等其他车辆，政府部门的管理能力有限，甚至在管理过程中由于部分车型分管部门模糊，职责不清导致管理

混乱现象。此外，部门职责的碎片化也导致第三方平台"统管"的
整体性监管绩效不足。合作监管企业多处于各自孤军奋战的碎片化
阶段，单个企业发挥的作用有限，尚未形成"一网统管"的整体性
治理格局。

（四）进一步发挥第三方平台安全合作监管功能的思路

首先，理顺政府职责，扩大合作监管的范围。通畅的参与渠道
不仅有助于提高企业参与应急管理的积极性，也便于企业有序而高
效地参与。美国在"卡特里娜"飓风应对实践中，政府行动低效重
要原因之一在于未将企业整合到国家应急响应行动规划中，导致私
营部门在参与灾害救援时与政府在协调行动中出现"短路"，使不少
企业在第一时间调配到灾区的大量应急物资未能及时投入使用，极
大地影响了救援效率。当前，合作监管的瓶颈在于政府职责的理顺，
职责范围使得合作监管难以突破政府部门间关系的制约，带来监管
风险。为发挥合作监管的最大效能，未来建议安全监管对象相对应
的政府部门形成合作和共识，在监管手段、监管标准、监管数据等
方面形成政府部门内部的合作机制。在此基础上，通过第三方平台
形成合作机制的固定化和标准化，通过市场化机制提高安全监管领
域政府内部主体的合作水平，打破部门壁垒，实现高效监管"一件
事"向高效监管"一类事"的效能跃升。

其次，加强对第三方平台的补贴扶持力度，鼓励平台自主造血
的功能，提升第三方平台市场化运作水平。政企合作形成的一个直

接原因，很大程度上源于政企双方资源的相对不足，难以独立应对复杂的应急管理任务。要实现各治理主体间的共建共享，首先在于解决各治理主体间的资源合作问题。通过共同付费、购买服务等社会化、市场化出资模式，有助于实现各方的资源共担，从而促进多方共建共享。当下，市场主体参与政府安全监管一般发挥资源整合和专业化赋能的功能。但市场主体追求的是盈利性，未来为了持续激励市场主体的合作监管动力，一方面，可增加政府财政对第三方合作监管平台的补贴力度，至少覆盖企业的运维成本。另一方面，在平台合规化运作的前提下，鼓励平台自主造血，提高平台的市场化运作水平。例如，案例中市交通委和联茵公司共建的监测平台对于保险中介行业来说是一个创新服务模式，满足了传统保险经纪行业从简单的业务转手模式向以安全管理为核心的服务模式进行转变的内在需要，使企业降低事故，实现获利，也促使保险经纪行业业务量上涨，解决了运维成本难题。

最后，适度鼓励监管数据在政府部门内部的共享与交换，增强大数据赋能政府监管的外部效应。当前受制于第三方监管平台的碎片化问题，特定部门及其合作的监管平台一般不会将数据共享给其他部门使用，这就制约了第三方平台数据的进一步赋能作用。安全监管第三方平台生产和沉淀的监管数据往往具有二次加工和利用的价值。例如，案例中市交通委合作监管平台的数据完全可以与市"一网统管"平台对接，发挥更大范围的监管效能。未来可进一步推动第三方平台数据赋能政府治理的效能。与此同时，政府部门也要加强对第三方平台数据安全、合规运作的审查力度，减少因第三方平台数据泄露造成的责任风险。未来政府部门需要对合作的监管平台在数据采集、使用和共享等多个环节建立标准化的操作守则，守好安全底线。

三、城市安全生产领域第三方机构合作监管模式的探索与优化

从韧性理论视域来看，上海应急和交通系统探索安全生产领域第三方机构合作监管模式本质是从社会韧性建设视角来探索安全风险防控精细化防控机制的问题，该模式的探索取得了显著成效，大大降低了安全生产的风险，但也面临着一系列的风险，未来发展确实需要优化和调整，才能更好地发挥韧性理论指导下风险精细化防控机制的功能。

（一）第三方机构介入安全生产合作监管的赋能效应

随着新兴业态和社会问题的出现，各行业安全生产监管对象与问题愈发复杂，政府主导的资源与专业能力较为有限，在很多情况下力不从心，依托第三方机构从事合作监管已经成为安全生产监管的重要趋势。从调研结果看，我市安全生产监管工作中，第三方机构的参与可从以下几方面提高安全监管效能：

第一，赋能安全监管重心从事后处置向事前预防转型。第三方机构的加入有助于变"事后监管"为"事前事中监管"，主动为企业提供"送上门"的安全服务。安全生产要实现长治久安，就要从事后处理向事前预防转变，从事故管理向隐患管理转变。正因为引入第三方机构的设计从一开始就遵循社会共治理念，其建设成果也实现了社会共享。自引入该模式后，各重点企业均未发生安全生产责任事故，其关键在于紧紧抓住企业这一安全生产责任的"关键核心"。例如，松江区应急局委托民非组织九安中心在企业安全生产隐患排查和体检工作中发挥作用，通过线上问卷、电话沟通、上门辅导，为企业送去了"安全礼包"，其中主要任务是指导企业进行重大事故隐患排查和"风险体检"工作，借助市应急管理专家力量，提高主动发现问题的能力，实现监管关口前移。

第二，赋能安全监管手段从刚性监管到柔性监管转型。政府委托第三方机构合作监管有助于"寓监管于服务"，对企业安全监管模式从发现问题进行"刚性处罚"转变成针对问题进行整改的"柔性指导"模式，变事后的惩罚为事前的指导，提升了政府监管的效率。如松江区通过九安中心对体检中发现的问题坚持"不通报、不处罚、不公开"，仅仅为应急局精准监管提供依据，为企业整改提供有效参考。这种做法解决了以前政府监管的刚性模式，寓监管于服务之中，提高安全防范精准性，为企业安全生产工作提供指导服务，真正为企业纾困解惑，相关服务为公益免费，也不额外增加企业的负担，深受企业欢迎。第三方机构的介入，充分调动和盘活了企业主体的内外部管理资源，实现了资源的互补和互助，激发了安全领域管理改革的内在动力。

第三，赋能安全监管投入从行政兜底向降本增效转型。政府委托第三方机构监管体现出"专业的事由专业的人和团队来做"的科学监管精神。一方面，降低了监管的成本，提高了安全监管的广度与精度。如上海市交通运输行业第三方安全监控平台对上海市21032辆"两客一危"运输车辆、6298辆土方车、6229辆搅拌车、164524辆重型货运车辆进行24小时实时检测服务，推动行业安全管理合作监管的模式创新，节省了大量行政资源。同时，利用大数据技术赋能的方式，极大提高了政府的监管范围与精准度。另一方面，取得了显著的监管绩效。监控平台通过对上海市相关营运车辆安装电子监控设备，实现了对车辆运载过程的实时监控。通过对车辆行动轨迹和驾驶员行为模式的数据分析，监控平台构建了动态、实时的安全监测机制。据悉，自平台上线以来，本市6年来的报警总数下降了90%，事故减少了50%。在11个省市推广以来，所监测范围的车辆没有发生一起重特大交通事故。

第四，赋能安全监管责任从模糊难测向清晰判定转型。安全生产监管责任一直是监管工作中的棘手问题，第三方机构的介入能够为安全责任提供更多数据。对市交通委"监控平台"的调研发现，第三方机构通过专业化分工、工作留痕、大数据赋能等手段，不仅能够帮助企业规避交通事故风险，也帮助政府交通管理部门规避了行政责任风险。例如，2021年4月4日0时30分，沈海高速公路发生了重型半挂牵引车与大客车相撞的事故。事故后期对交通委监管责任追责的过程中，由于联茵公司提供了详细的安全监管数据，极大地减少了市交通委的事前监管责任，实现了精细化监控、数字化留痕和精准性问责的监管效果。

（二）第三方机构参与安全生产领域合作监管面临的主要难题和困境

调研发现，借力市场主体、社会组织等机构参与安全生产的监管模式，充分发挥第三方机构专业服务作用，是一种值得肯定的探索。但在调研中，笔者也发现动员第三方机构合作监管探索面临如下几个主要难题：

第一，第三方机构合作监管的碎片化问题日益显现。事实上，由于监管对象的复杂性与监管责任的刚性，我国安全生产领域合作监管仍然存在以政府一元监管为主的特点，轻视了其他主体的作用。目前已经有的几个合作监管案例分属于应急、交通、城市管理等条线，相应的第三方机构的监管规模、形式和绩效都参差不齐，这就导致第三方机构介入安全生产合作监管只见"盆景"不见"森林"。此外，调研中笔者发现一些条线部门之间存在资源浪费问题，单一第三方机构的数据等资源并没有与其他部门共享，也并未归并到上海市大数据中心和数据交易所等平台，不利于"一网统管"整体效能的实现。

第二，第三方合作监管的合规性问题比较突出。从调研看，一方面，第三方机构自身从事监管工作存在合规困境。例如，九安中心作为民非组织参与企业安全生产重大隐患排查尚缺乏明确和可操作性的制度和标准依据，主要以政府单方面委托的形式参与提供相应服务。由于民非组织缺乏相应的制度性权利保障，在开展企业安全生产重大隐患排查中容易导致部分企业的不理解和不配合。另一方面，作为监管对象的行业法律法规的缺位，也制约了第三方机构的整体性监管效能。以交通行业为例，目前"两客一危"已经有国家文件规定客车必须安装智能监控设备以减少事故发生率，但缺少法律规范支撑将城市内渣土车、搅拌车等重型货车接入智能化监测平台，行业内部对于重型货车的监管缺乏强有力的法律规范。这就制约了第三方监管机制的覆盖范围，造成监管缝隙和潜在的风险。

第三，第三方机构合作监管的可持续性问题亟须关注。第三方机构合作监管还面临比较严重的资源瓶颈和生存压力。由于第三方机构往往是一种中介性质的平台企业或者民非性质的社会组织，因而其本身存在一定的营运成本。例如，设备安装成本、运营成本、数据和平台管理成本等。虽然政府部门一般对合作监管机构有财政补贴，但一般很难覆盖运营成本，第三方平台的行稳致远还需要自我造血的能力。例如，市交通委与联茵合作共建的监管平台每年只有 210 万的财政补贴，远低于平台运维成本。市交委的第三方监测平台之所以正常运作，得益于联茵公司也依托于监测平台从事保险经纪业务。

（三）优化第三方机构参与安全生产领域合作监管模式

政府与第三方非政府机构合作的强化，表明安全生产共建共治共享工作正逐步得到重视。安全生产的共建共治共享并非仅仅出于改善监管绩效的工具性目的，而是顺应国家治理体系和治理能力现代化的历史潮流，将企业、社会组织、公众视作具有自主性、能动性的治理伙伴，鼓励各方群策群力，打造良好的生产安全治理格局。未来可进一步从以下几个方面优化第三方机构参与合作监管模式：

第一，在合作监管的制度建设方面，全面引入合作监管的理念和机制，完善相关的制度和标准，明确第三方机构在企业重大事故隐患排查和体检中的功能，为第三方机构参与企业合作监管提供制度保障和法律法规支撑。可从以下几个方面着力：一是建立第三方机构参与合作监管的权责清单。通过清单明确第三方机构的服务事项和准入范围，为第三方机构参与企业安全生产重大隐患排查提供明确和可操作性的制度和标准依据；二是探索在应急事前事中事后各环节政府购买第三方服务的制度安排，鼓励其参与企业安全生产重大隐患排查等服务过程。对接受政府委托、承担公益服务的第三方机构，市应急局可联合民政、税务等部门，加大税收和金融支持力度，并根据实际情况给予补助，落实相关税收优惠政策。建立专业性第三方机构的名录和服务清单，加快第三方服务能力标准化建设，提高从业人员待遇和职业素养。

第二，在合作监管的机制创新方面，进一步优化第三方机构合作监管的流程，促进合作监管的绩效可持续。可从以下几个方面着力：一是优化政社合作监管的协同机制。建议第三方机构与应急部门或相关条线的主管部门在应急业务中形成合作和共识，在监管手段、监管标准、监管数据等方面形成政社合作机制，发挥第三方机构赋能安全生产监管关口前移、重心下沉的作用。二是建立数据共享和交换机制。推动第三方机构的数据与政府内部其他部门之间的共享，将第三方数据纳入本市"一网统管""一网通办"的总体布局中，实现高效监管"一件事"向高效监管"一类事"的效能跃升。三是鼓励第三方机构的自主造血机制。对于合作监管效能较好的第三方机构，在业务类型和合作监管场景接近的前提下，政府可适度向其他兄弟省市和单位推荐业务。鼓励第三方机构在合法合规的前提下依托政府平台从事相关衍生业务。

第三，在合作监管的风险规避方面，需要警惕第三方机构的权力变异风险，加强对第三方合作监管单位的内部监管。一方面，加强对第三方机构的指导和监管，从源头上消除其利用监管权力谋取私利的风险。当前，部分第三方机构主要以免费公益服务的形式为企业安全生产提供专业指导，面临服务成本与服务宗旨之间的冲突，为避免第三方机构以隐蔽方式对企业收取费用，应加强全流程监管，重点在资质确认、方案制定、过程追踪、成果验收等环节设置相应审查和纠偏机制。鼓励被服务企业与第三方机构之间开展互评，及时向社会公开第三方参与服务提供的收支状况，接受社会监督，提高第三方机构的公信力和透明度。建立诚信黑名单制度，加大对违规变相收费行为的处罚力度。另一方面，加强对第三方机构数据和信息安全的监管，确保第三方机构掌握的数据和信息排他性的使用，消除企业的生产经营相关信息泄露的风险。第三方机构在企业重大事故隐患排查、体检等日常服务中，必然会涉及企业的生产和经营相关的信息，为了避免企业的担忧和顾虑，必须健全企业信息安全监管制度，加强对第三方机构信息收集和使用的监管，建立长效安全信息监管机制，消除企业对第三方机构参与隐患排查和体检方面信息安全的后顾之忧，调动企业配合第三方机构进行重大事故隐患的排查和体检工作的积极性。

综上，上海在部分企业安全生产领域与第三方合作监管的探索取得了阶段性成效，弥补政府监管力量不足的问题，充分发挥社会力量和市场主体的功能，有利于调动社会力量参与企业安全生产风险的监管工作，也是安全生产风险精细化防控的重要体现，更能解决"最后一公里"的问题。从韧性理论视角来看，上海在安全生产领域合作监管模式的探索是加强社会韧性建设的重要抓手和载体。它能更好地发挥多元主体参与企业安全生产风险合作监管，有利于形成政府与社会、市场合作的监管模式，提高政府的安全生产风险监管效率和能力。

第六章　自然灾害风险精细化防控机制建设的实践
——以上海应对台风"烟花"为例

特大城市运行安全风险精细化防控机制是实现韧性城市的重要保证，安全风险防控机制如何直接决定城市极端风险控制成效及灾害应对的成败。如果一个城市在安全风险防控机制建设中"破防"，必定会导致相应的灾害危害结果发生，给城市运行安全带来巨大挑战和影响，给民众的生命和财产安全带来巨大的威胁。2021年7月，第6号台风"烟花"给华东沿海及上海地区带来持续风雨影响，共造成浙江、上海、江苏、安徽、山东、河北、辽宁、内蒙古8省（区、市）408万人受灾，148.8万人紧急转移安置，直接经济损失69.8亿元。2021年7月23—28日，上海遭遇台风"烟花"的侵袭，对人民群众正常生活造成一定影响。为防范台风"烟花"，保障人民群众生命财产安全，上海市各级部门迅速行动，采取一系列精细化的防控措施，确保上海在台风期间总体保持安全稳定运行。对上海应对台风"烟花"的主要做法和经验进行分析，可以为特大城市构建城市运行安全风险精细化防控机制、加快推进韧性安全城市建设提供有益参考。

一、台风"烟花"给上海城市运行安全带来冲击

上海位于长江和太湖流域下游，地势低平，由东向西略有倾斜，全市平均海拔在 2.19 米，暴雨后易造成积水。上海处在太平洋季风区，属于亚热带季风气候。特定的地理环境和气象条件，使上海备受水患、台风灾害的侵扰。由于处在天气系统过渡带、中纬度过渡带和海陆相过渡带，受冷暖空气的交替作用十分明显，灾害性天气时有发生。2021 年 7 月 23—28 日，上海市遭遇第 6 号台风"烟花"的侵袭。"烟花"在近十年台风影响过程中雨量排名第一、最大风速排名第二（仅次于 2019 年第 9 号台风"利奇马"）。"烟花"台风强度强、移速慢，对上海市影响持续时间长，累积雨量大但雨强不显著，阵风明显、无持续大风。2021 年 7 月 24 日 19 时，上海市的654 个雨量测站中，76 个达到暴雨程度，约占 11.6%；226 个达到大雨程度，约占 34.6%；202 个达到中雨程度，约占 30.9%。降雨主要分布在金山区，全市水文测站中有 15 个站点超警戒水位，共取消公路长途客运 152 班次，取消轮船航线 25 班次，关闭景区公园 76 个，浦东机场航班取消 483 架次，虹桥机场航班取消 99 架次。

面对"风暴潮洪"四碰头的严峻考验，上海市积极应对，科学

防范。7月23日7时，上海中心气象台发布台风蓝色预警信号，市防汛指挥部启动全市防汛防台Ⅳ级响应行动。7月23日10时上海市防汛信息中心发布黄浦江高潮位蓝色预警信号。7月24日8时40分上海发布暴雨黄色预警信号，全市防汛防台应急响应行动升级为Ⅲ级。7月24日9时上海市防汛信息中心更新黄浦江高潮位蓝色为高潮位黄色预警信号。7月24日20时上海中心气象台发布台风橙色预警信号，市防汛指挥部将全市防汛防台响应行动同步升级为Ⅱ级响应行动。7月25日9时上海市防汛信息中心发布黄浦江高潮位橙色预警信号。7月25日15时上海市防汛信息中心发布高潮位红色预警信号。7月26日11时上海中心气象台将台风橙色预警信号更新为黄色预警信号，市防汛指挥部决定将全市防汛防台Ⅱ级响应行动更新为Ⅲ级响应行动。7月27日6时20分上海中心气象台解除暴雨黄色预警信号，市防汛指挥部更新全市防汛防台Ⅲ级响应行动为防汛防台Ⅳ级响应行动。7月28日15时终止全市防汛防台Ⅳ级响应行动，台风"烟花"对上海的影响基本结束。尽管此次台风造成7.77亿元直接经济损失，但无人员因灾伤亡，实现了"不死人、少伤人、少损失"的目标。

二、上海加强台风"烟花"精细化防控的主要举措

"烟花"袭击上海期间，上海各部门、各单位严守岗位、高效配

合、科学防范。在全市各方的努力下，上海总体平稳地度过了"烟花"考验期。上海之所以能够顺利应对台风"烟花"带来的冲击和挑战，关键在于采取了一系列精细化的防控措施。

（一）健全灾害防御制度体系，实现防控行动规范化

一是制定了较为健全的预案体系。上海市、区两级政府和乡镇、街道及相关部门都制定了防汛防台专项应急预案，对指挥调度、信息发布、避险引导、人员撤离、应急抢险、物资调配、医疗救护等都设定了应急状态下的操作预案。成员单位也都相应制定了应急预案，内容包括了工作原则、组织体系、防御方案、应急响应、后期处置等。同时，相关部门针对人员撤离、下立交、重要地下空间、防汛墙抢险、高空构筑物、在建工地、街坊小区、道路积水点等也都制定了专项预案。另外，预案每年都作评估修订，每三年进行一次大的修编。台风"烟花"期间，上海地铁与属地政府、派出所、轨交总队等部门开展了"四长联动"应急演练。各联动单位按照预案要求快速响应、及时就位，配合车站做好客流引导工作。地铁运营方根据积水程度不同，采取与之相对应的应急预案。根据线路运营区域里的风力和能见度，轨交运营部门也会分级采取限速、停运等应对措施。

二是建立了较为成熟的防汛预警与应急响应机制。为有效防御和减轻风、暴、潮、洪造成的灾害，最大程度减少人员伤亡和经济损失，提高防汛防台应急管理能力，根据《上海市防汛条例》《上海

市防汛防台应急响应规范》《上海市防汛防台专项应急预案》等规定，上海市防汛防台应急管理实施"蓝、黄、橙、红"四色预警和"Ⅳ、Ⅲ、Ⅱ、Ⅰ"四级响应。2021年7月23日7时，在距离"烟花"首次登陆两天前，上海市防汛指挥部就启动了全市防汛防台Ⅳ级响应行动，要求各级防汛机构、沿江沿河各单位检查落实防范措施，全市迅速转入防汛防台工作中。随着"烟花"响应程度的大小而及时调整响应行动级别，最高时全市的响应行动级别提升到了Ⅱ级，金山、奉贤两区的响应行动级别提升到了Ⅰ级。上海气象部门共发布5期《重要天气市领导专报》，及时向上海防汛指挥部汇报台风最新实况和变化趋势，为决策部门提供最新气象信息支撑。

三是形成了较为完善的防汛检查机制。上海市防汛检查按时间分为汛前检查、汛中检查和汛后检查，按检查内容可分为综合检查和专项检查。汛前检查一般安排在每年1—5月，汛中检查一般安排在6—9月，汛后检查一般安排在每年10—12月。防汛安全检查主要针对本市行政区域内防汛工程措施和非工程措施以及可能受台风、暴雨、高潮、洪水等影响的其他设施。为做好台风"烟花"的防御工作，上海市加强对大型工业生产企业、危险化学品企业、涉及国计民生等重点单位的安全监督检查，及时督促整改消防隐患苗头，坚决防止因大雨或积水引起的事故灾害。会同交通、住建、绿化市容等部门对码头、地下空间、在建工地、户外广告牌、高层建筑等开展专项检查，确保排水设施运作正常，及时发现隐患，消除隐患，消防用水、用电设备状态良好。上海地铁车站工作人员仔细检查站内站外导向牌、顶棚、广告牌等悬挂物状态，对发现有松动的悬挂物及时进行加固或拆除，不放过一丝安全隐患。

四是建立了较为高效的人员撤离转移机制。在上海市近几年的防汛工作中，人员处理转移机制都发挥了重要的作用，实现了"不死人、少伤人、少损失"的防汛工作目标。例如在 2012 年防御"海葵"台风过程中，全市紧急转移安置 37.4 万人，2015 防御"灿鸿"台风过程中，全市紧急转移安置 18.2 万人，2018 年在防御 5 次台风过程中，转移规模达到了空前的 42.17 万人次，创下了上海有史以来撤离人数之最。在台风"烟花"来临前，上海市住建、教育、体育、海事等部门联合印发专项通知，梳理应急撤离点，初步确定撤离总人数为 28.3 万人，并安排落实转移安置点。台风"烟花"影响期间，上海严格执行预案，在启动 II 级防汛防台应急响应后的 4 小时内，全市转移一线海塘外作业施工人员、危房简屋和田间棚舍居住人员、工地临房施工人员、进港避风船民等 36 万人，引导船只进港避风 1700 余艘，疏散船舶 1300 余艘。其中浦东新区因靠海的原因转移人口最多，临港新片区紧急转移安置了近 13000 人。

（二）强化统一组织协调功能，实现防控力量协同化

一是建立了统一指挥的三级防汛组织体系。按照《上海市防汛条例》的规定，上海市建立了市、区、街道（乡镇）三级防汛指挥机构，负责本行政区划内防汛工作的组织、协调、监督、指导等，由各级防汛指挥部办公室负责处理日常工作；有防汛任务的部门和

单位成立防汛领导小组，负责本部门和单位防汛工作的组织、协调等日常工作，基本建立形成了统一指挥、分级负责、条块结合、以块为主的防汛指挥体系。如为防御台风"烟花"，徐汇区通过缜密部署，调整完善防汛指挥体系，强化"区委—街镇党（工）委—居民区党组织"三级联动，区委、区政府主要领导高度重视、坐镇指挥，13个街镇党政主要领导坚守一线、现场指挥，落实责任单位联防联动和值班值守，确保防汛防台工作落实落细。

二是组建了综合协调的抢险救援队伍。上海市抢险救援队伍由防汛指挥部各成员单位的专业抢险队伍，建工集团、城建集团的机动抢险队伍，以及驻沪部队、武警、消防和公安干警的突击抢险队伍组成。各级防汛指挥机构按照区域和行业的实际情况，分级组建了不同行业的抢险救援防汛队伍。参与部门和单位的主要职责为在市、区防办的指导下组建抢险救援队伍。防汛抢险队伍服从防汛指挥机构的统一调度，承担本行政区域和行业内的防汛抢险任务。为做好台风"烟花"的防御工作，上海全市12万余名防汛工作人员处于应急值守状态，武警落实抢险救援兵力、消防全员在岗值班备勤，2000余支抢险队伍集结待命。全市296支绿化应急抢险队伍、132支林业应急抢险队伍、338支道路保洁应急抢险队伍、118支户外广告和招牌应急抢险队伍整装待命。上海市消防救援队伍保持高度戒备基础上，总队65个抗洪抢险专业队随时做好"防大汛、救大灾"准备。

三是发挥了各级党组织和党员攻坚作用。台风"烟花"来袭，上海各区防汛部门和相关单位积极落实全市防汛防台工作的要求，充分发挥党员干部先锋模范作用，积极做好台风防御工作，确保超大城市运行安全有序。如普陀区各级党组织和广大党员积极行动起来，第一时间召开工作布置会，强化巡查排险，对大型建筑工地、店招店牌、空调外挂机、老旧小区、积水路段等重点区域的隐患问题做好及时清运、拆除加固、疏通，确保全覆盖、无死角、无盲区。同时实行领导带班和24小时防台值班制度，随时应对各类突发状况。上海海关各单位党员带头参加安全值守工作，确保24小时联络畅通，注意接收预警预报信息，及时启动应急响应行动，主动对接防汛部门，提升联动处置能力。

（三）筑牢防灾设施空间屏障，实现防控体系稳固化

一是强化工程防御。上海市"四道防线"工程体系在防御台风"烟花"过程中发挥了重要作用。其中，西部地区流域泄洪通道防洪堤防达标工程建设将金山、松江、青浦等区276公里堤防标高从最低的3.5米提高到4.7米至5.24米，金山、松江浦南西片在水位全面创历史新高的情况下无一处受淹。"苏四期"堤防达标工程建设使苏州河中上游30余公里堤防在苏州河黄渡站水位超历史0.12米的情况下，未发生河水倒灌或漫溢情况；87公里主海塘达标建设确保了上海沿海地区在杭州湾芦潮港站、金山嘴站水位均创历史第二高的情况下，没有遭遇潮水侵袭。至24日晚，上海在疏散1300余艘船只的同时，也组织了1700余艘船只进港避风，并加固树木10.8

万株，加固广告牌、店招店牌 12000 块，腾出的河网调蓄库容量进一步增加至约 4.7 亿立方米。

二是加强防汛物资储备。上海市防汛抢险物资实行分级储备、分级管理和分级负担的制度，按照市级、区级和专业三种方式储备，已基本建立起市、区、街镇三级防汛物资储备体系。为做好台风"烟花"的防御工作，上海市提前谋划、快速行动，全力做好防汛防台准备工作，检查维护执勤车辆和防汛器材（121 辆防汛车、86 艘舟艇、465 台泵和 6000 余套水域抢险救生器材全部准备就绪）；按照 72 小时自我保障标准，与 30 家社会单位启动联勤保障机制，备足各类救援保障物资。全市 88 台移动排水泵车全部进岗待命，300 余个防汛物资仓库实行 24 小时值守，准备随时应对抢险需要。市场监管部门要求各个菜场经营户加大进货量，确保台风期间物资充足，物价稳定，绝不允许发生哄抬物价、囤积居奇、欺行霸市等行为，一经发现将严肃处理。

三是保障基础设施安全。根据每次台风、暴雨造成的受灾情况，上海市针对受损的基础设施和暴露出的薄弱环节，通过总结报告本级党委和政府作专题报告，抓紧从工程建设角度提升防御能力，近期针对受损设施立即实施应急抢险的工程，远期对于不达标、不完善的基础设施在汛后加大基础设施推进力度，近远期相结合，不断提升防汛设施的防御能力。如对台风"烟花"影响范围内的厂站、输电通道，上海全面开展隐患排查整治，加紧清理影响线路安全运行的树竹隐患。考虑到台风可能对上海电网造成的影响，国网上海电力落实各类抢修车、发电车、抢修专用抽水泵、潜水泵的排查工作，在 13 个定点仓库储备沙袋、防水挡板等防汛物资，并在全市范围内网格化设置电力抢修驻点，专业抢修人员全天候待命，确保台风过境期间电力抢修工作有序开展。

（四）推动社会市民共同参与，实现防控主体多元化

防御台风"烟花"期间，上海市防汛信息中心聚焦"社会防汛"，通过网站与微信微博等大小屏联动报道，企业号与公众号内外平台同步覆盖，时刻关注汛期信息和防灾情况，做好防御台风的社会宣传工作，让社会公众掌握避险知识、了解汛情态势、畅通反馈和求助通道。依托各类媒体平台广泛宣传，引导市民做好避险自救，形成全社会防汛防台的浓厚氛围。上海发布、上海电视台等官媒实时更新"烟花"最新动态，让大家足不出户就能多方位了解防汛情况与应对措施。及时传播防汛防台知识，发布防汛防台预警，按照台风来临前、中、后等不同阶段整理防台抗台的小贴士，为市民提供及时有效的信息服务。

在台风影响期间，上海启用媒体矩阵资源，收集素材、专题制作、矩阵推送，及时跟进台风路径、风雨影响、防御等级、应对措施等信息，及时发布雨情、汛情、灾情，回应群众对防汛工作的关切，普及防汛减灾知识，宣传防汛救灾工作成效，制作推出了"'烟花'逼近！防汛部门在行动~""迎战台风'烟花'，上海水务海洋在行动！""台风'烟花'即将登陆！逆风而行，申城'结界'由他们守护！""共同守'沪'，迎战'烟花'"等报道，被多个媒体平台转载。

随着台风"烟花"的逼近，风雨影响突显，黄浦江水位持续上涨，针对一些网络谣言，及时制作推送"网传'陆家嘴滨江亲水平台被淹'？莫慌，真相来了！""本市自来水服务供应平稳有序"等相关报道，准确传递汛情信息，普及防汛知识，引导舆论以正视听。

（五）发挥信息科技赋能作用，实现防控手段智能化

"一网统管"防汛防台指挥系统有力支撑了信息通畅、反应灵敏、指挥有力、运转高效的防汛指挥体系，为基层防汛赋能，为全市防汛服务，助力各级防汛部门高效精准处置汛情险情，实现了由"经验防控"向"经验＋智慧防控"的转变，在成功防御台风"烟花"过程中起到了很好的支撑作用，有力提升了上海市防汛应急指挥和险情处置的效率。

一是搭建防汛信息监测体系。上海市防汛指挥信息系统集成了全市和流域的气象、水文、海洋、海事等信息，基本实现了水情、雨情、灾情的实时采集和传输，防汛设施和抢险物资的数字化管理，以及预警信息的即时群发。台风"烟花"影响期间，"一网统管"防汛防台系统成了全市风情、水情、雨情、工情、灾情、社情、舆情等防汛信息汇聚地，将全市各部门碎片化信息化零为整，市防汛指挥部门通过系统时刻了解台风、暴雨、高潮、洪水等汛情变化，即时监测抢险物资准备、人员转移安置、船只进港避风等各类防御准备情况，时刻关注树木倒伏、高空坠物、小区积水等灾情直报和舆情动态，进一步提升精准防汛、科学防汛的能力。聚焦"汛情变化、

防御准备、灾情直报和舆情动态"等台风防御重点，加强对视频监控资源、"一网四库"防汛基础数据及风险管理数据检查，加大对"一网统管"防汛防台指挥系统及其后台应用模块的保障，确保台风防御期间数据及时准确、系统运行稳定。

二是开展应急指挥视频会商。上海市防汛指挥视频会议系统目前已达到部级、市级、区级、乡镇街镇四级通信，在防汛决策会商、汛情灾情报告工作中发挥了重要的作用。每次有台风影响上海时，市防汛指挥部的总指挥甚至是市委、市政府的主要领导都要在市防汛指挥部通过信息监测系统了解掌握全市的汛情和灾情，并通过视频会议系统与各区和各部门防汛责任人进行决策会商、工作部署。台风"烟花"防御期间，市委市政府领导多次至防汛指挥部就全力做好台风"烟花"防御工作召开视频会商会议，听取防汛部门关于台风"烟花"最新路径走势、影响情况、台风防御措施落实以及人员转移安置相关工作汇报，察看金山、奉贤、浦东等沿海区域风情雨情水情实时画面以及黄浦江、苏州河等重点江河实时水位。台风期间，平台稳定运行、保障到位，为防汛应急指挥提供了有力信息技术支撑。

三、面向韧性城市的自然灾害风险精细化防控路径

上海通过精细化的防控措施，有效降低了台风"烟花"带来的

损失和影响，保障了广大群众的生命安全。与此同时，回顾上海应对台风"烟花"的整个过程，仍然可以发现其防控体系存在一些明显短板。如对照2035年专项规划，"四道防线"工程的"挡""排""蓄"能力还需进一步提升，由于防汛设施故障排除不到位造成的下立交积水等。[①] 推进特大城市安全韧性建设，需要树立系统思维，加强综合施策，构建更加精细化的城市运行安全风险防控机制。

（一）聚焦精细管理制度，提升城市制度韧性

1. 进一步完善防汛预案

按照以人为本、以防为主的方针，组织编制更为完善的防汛防台专项应急预案，形成"横向到边、纵向到底"的防汛防台预案体系。一是重点完善市、区、街镇三级防汛专项预案，上海市防汛防台专项应急预案由市防汛指挥部负责编制并报市政府批准后实施；各区防汛指挥部应结合各自工作实际编制本地区的防汛防台专项应急预案，报区政府批准后实施，并报市防汛指挥部备案；各街镇应按照市级防汛条例的规定，编制本地区的防汛防台专项应急预案，并报区政府防汛指挥部备案。二是着力强化成员单位和相关行业防汛专项预案，各成员单位和相关行业单位应编制本行业、本部门、本单位的防汛防台专项应急预案，不断细化工作流程，增强各类预

---

① 刘晓涛：《上海市防御台风"烟花"的经验与启示》，《中国水利》2021年第21期。

案的前瞻性、实效性和操作性，并报同级防汛机构备案。三是全面加强重点部位的防汛专业预案，各重点部位和风险隐患点的相关责任部门应按照"一处一预案、一事一预案"的要求编制防汛防台专业应急预案，对薄弱环节全面查漏补缺，增强可操作性，把实用管用的措施充实到预案中，并报相关管理部门备案。

2. 加强极端灾害预警和临灾响应机制建设

将城市巨灾场景的冲击引入到日常风险评估、应急准备等实际工作中，加强面对极端灾害天气场景构建和预案准备，提高应急预案和准备的实战性和有效性。当前，大部分公众、政府官员、从业人员缺乏对巨灾场景的亲身体验，这会削弱大家开展风险评估和应急准备的动机。为此，可根据城市暴雨内涝等极端灾害天气和巨灾可能场景，逐步探索进行非常规风险（或巨灾风险）的评估和场景构建工作，完善巨灾应对的预案体系和应急准备机制，增强城市抵御巨灾的韧性，提高城市面临极端灾害事件抗风险能力。借鉴香港台风灾害黑色风球预警的做法，通过法定性的制度设计，强化灾害预警的法律权威性。通过预警制度体系的建设，规定在必要时可使"城市停摆"成为一个法治化的响应行动，例如停工停学、交通停运等。通过这样制度设计，提高预警工作的精准性和科学性，强化预警对灾害天气工作响应的权威性，解决预警响应的"最后一公里"问题，将预案信息传达到可能涉灾范围的群众、构建自救互救的本地化应急机制、提升基层单位和市民的应急响应能力。

3. 健全防汛督查和一线管理人员响应机制

防汛工作涉及各行各业多个部门，长期以来，部门间的协调和沟通存在一定难度，在一定程度上导致防汛工作不到位，责任不落实，方案预案编制不具体，执行调度命令不及时不得力等情况，给防汛工作的顺利实施造成了困难。为尽快解决这一问题，应加快建立健全本市防汛责任监督机制，市级防汛指挥机构应落实防汛督察专员，区级防汛机构也应在现有编制内配备防汛督察员，设置专门人员、专门队伍主抓防汛督察工作，加大对各级各部门防汛工作的督促检查力度，从制度上明确防汛工作中各级各部门的职责，促进防汛重大事故调查中的责任界定，形成一种倒逼机制，有效防止洪涝灾害造成的人员伤亡和财产损失。同时，应完善基层或一线管理人员响应决策指挥机制，保证相关责任者和管理单位享有充分的决策指挥自主权，提高一线管理人员和部门的快速响应能力。积极推进城市基层应急指挥体系和模式的改革，赋予基层或一线管理人员危机事件第一时间响应的权力和资格，完善相关责任容错机制，鼓励和引导一线管理人员可以根据法律或规范自行果断采取措施进行科学响应，而不需要层层上报，等待上级指令，增强一线管理人员的自主性和指挥能力，提高基层和一线管理人员第一时间的响应力。

（二）加强精细组织建设，提升城市组织韧性

1. 健全防汛防台组织体系

依照城市防汛条例，全面健全防汛防台组织体系，强化应急管

理职能，规范统一建立各级防汛指挥机构和其办事部门，提升"测、报、防、抗、救、援"全过程管理水平。市和区防汛指挥部办公室作为市、区防汛指挥部的办事部门，依法负责全市和所辖区防汛防台的日常工作；应进一步加强各区防汛机构建设，采取独立办公，要进一步健全各级防汛组织，落实机构编制，配足配齐人员，加强队伍建设，人员配备要根据所辖区域面积大小、人口数量、地理位置、职责任务等因素综合设定，以满足防汛防台任务的需要；同时，人员知识、年龄结构要符合防汛工作的特点和要求。另外，应进一步保障防汛经费投入，提高防汛软硬件建设水平。各区政府应在本级财政预算中安排足够的防汛软硬件建设、防汛机构日常工作、值班补助、抢险救灾物资储备、防汛抢险装备、防汛设施运行管理、防汛培训及演练等资金，并根据当年灾情，按照实际需要增加经费投入。

2. 细化条块防汛责任分工

防汛是一项涉及面非常广、情况复杂的工作。以行政首长负责制为核心，按照"条块结合，以块为主"原则组织开展防汛工作，各级防汛机构应在上级防汛指挥部和本级政府的领导下，具体负责指挥、协调、检查、督促本地区的防汛防台工作与抢险救灾工作，组织编制全市防汛防台专项规划和防汛防台预案，协调、落实建设、交通、消防、环卫、绿化、市政、电力、通信、房管、水务等各专业抢险队伍，强化必要的抢险力量和抢险装备，提高应急抢险能力，做到灾前积极备战，灾中迅速避险转移，灾后及时抢险恢复。组织开展防汛安全检查，并督促相关单位落实整改措施；根据城市防汛防台应急响应规范，监督、指导有关部门和单位执行"Ⅳ、Ⅲ、Ⅱ、Ⅰ"四级响应行动，督促下级防汛机构和各单位认真组织落实各项防汛措施，确保安全度汛；调查研究防汛工作中出现的重大问题，提出处理意见供指挥部领导决策，及时向上级防汛指挥部报告汛情、险情和灾情等信息；灾后或汛期结束后，认真开展总结，分析经验教训，提出相应工作对策。

3. **加强防汛队伍培训与建设**

应从防汛工作的实战出发，结合各地区、各部门、各行业防汛防台工作特点，持续、广泛、深入地开展各类防汛防台培训和演练。要改革创新培训工作，加强对各个岗位员工的培训教育，要保证防汛救援人员每年至少接受一次包括相关法律法规、应急救援基本知识和技能培训，并定期进行考核、比武和演练，提高防汛安全应对能力。加快启动推进市级防汛防台实训基地建设，通过专业化、标准化、规范化管理，进一步提升防汛防台培训和演练的实效。要根据防御重点、风险隐患、薄弱环节等内容，每年有针对性地开展各类防汛防台应急演练，不断提升应急反应和抢险救援能力。此外，应进一步加强和完善抢险救援队伍的配置和建设，满足本地区防汛抢险工作的要求。同时，应采取切实措施提高各防汛专业抢险队伍的实战水平，增强预防事故的意识和自我防护及自救互救能力，力争在防汛应急处置过程中将损失降到最低限度。

（三）优化精细空间布局，提升城市空间韧性

1. 合理规划防汛设施工程

全球气候变化导致极端天气增多，特大城市遭遇"三碰头""四碰头"天气事件将愈发频繁。对此，应提前布局并实施一系列旨在增强流域防洪、区域排涝及城市排水能力的项目，进而显著提升超大城市在极端气候条件下的防护水平。采取多元化策略，全力提升城市的蓄洪与滞洪能力。一方面，加速河道综合整治工程及调蓄池的建设步伐，以实现水资源安全与水环境质量的双重平衡。另一方面，通过强化城市的竖向规划与设计管理，并与海绵城市理念深度融合，深入挖掘绿地、下沉式广场等低洼区域的自然调蓄潜力，为城市防洪排涝体系增添更多生态友好的解决方案。加快推进河道整治和调蓄池建设，统筹实现水安全、水环境"两水平衡"。强化城市竖向设计和管控，结合海绵城市建设，挖掘绿地、下沉式广场等低洼地调蓄空间。

2. 完善防汛应急物资储备体系

鼓励和指导市民应对极端灾害条件进行家庭物资储备工作，提高家庭抗巨灾风险的能力。建议城市在家庭应急物资储备清单基础上，充分发挥政府、市场和社会等多元主体的功能，共同探讨家庭应急物资储备倡议的落地机制，真正发挥家庭应急储备的抗风险功能，实现多中心、多主体资源储备模式，分担政府资源储备的压力。同时，考虑极端灾害条件下，如何采取措施补救信息化手段失灵情况，以维持正常的生活方式，提高市民在信息化条件下抵御灾害的

韧性。为了避免极端灾害事件给基本生活带来的挑战，鼓励和倡导市民保留传统支付工具的储备。根据本市实际情况，应着力建立健全以市、区两级应急物资保障系统为支撑，规模适度、结构合理、管理科学、运行高效的防汛应急物资储备体系，完善重要防汛应急物资的监管、生产、储备、调拨和紧急配送体系，做到以人为本，准备充足，有效满足防汛应急处置需要。对防汛应急物资的储备、管理、调拨和征用，应采用法律、行政和市场等手段相结合的方式，以确保关键时期储备物资能调得出、用得上、不误事，最大限度地减少生命和财产损失，维护社会稳定。

3. 及时开展关键基础设施修复和完善

要针对灾后总结评估结果，认真分析设施现状，查找在关键基础设施建设方面存在的低标区域和薄弱环节，提出建设改造的项目计划，作为总结评估中的对策建议专题报告向各级政府请示抓紧实施。由于建设程序仍需得到涉及的包括发展改革委、财政、规土、建委、水务等多部门的支持，需要政府各部门整合力量、整合资源、密切协作，在涉及城市安全运行的应急抢险过程实施过程中优化建设程序，确保在第二年汛期前补齐各项基础设施短板，彻底消除防汛隐患。

（四）推进精细社会动员，提升城市社会韧性

1. 加快韧性安全文化建设

一是坚持底线思维、问题导向。警惕"黑天鹅"，防范"灰犀牛"，以大概率思维应对小概率事件，既要打好防范和抵御风险的有

准备之战，也要打好化险为夷、转危为安的战略主动战。二是坚持人民至上、生命至上。树立"人民城市"重要理念，立足防大汛、抢大险、救大灾，既要强化党委政府的政治责任，也要增强市民的避险自救意识，做到"不死人、少伤人、少损失"。三是坚持"大安全大应急"理念。在总体国家安全观的视野下，韧性安全不再只是针对自然灾害、事故灾难等风险因素的"小安全"概念，而是涵盖多个安全领域的综合性"大安全"概念。

2. 加强防汛安全与防灾减灾宣传

应通过各种信息传播途径，结合防汛知识宣讲活动，充分利用"上海防汛"政务微博、微信、今日头条号等新媒体，广泛开展形式多样、内容丰富的防汛防台安全知识宣传，全方位多角度多形式宣传防灾避灾知识，着力提高全社会的防汛避险意识和自救互助能力；按照防汛防台社会动员"五上十进"的要求（即上电视、上广播、上报纸、上网络、上手机，进街道、进小区、进乡村、进学校、进工地、进码头、进机场、进车站、进企业、进家庭），各级政府、各个条线要迅速、及时、广泛地把最新预警信息和相关安全提示信息发送到户、告知到人，增强广大市民水患意识，引导社会公众进一步做好自身安全防范工作，提升市民防洪避险能力。

（五）利用精细治理手段，提升城市技术韧性

1. 提高防汛信息系统的应用水平

应进一步加快防汛信息系统的建设，提高指挥效能，建立独立

的视频会议系统、手机短信联络系统，同时将现有的视频会议系统、公安道路街面实时监控系统、区防汛信息服务网、短信群发集群呼叫系统等信息资源整合利用，扩大短信联络系统使用人群数量。全力推进以数据平台、网络平台和应用平台为基本框架，以排水、水利两大行业基础数据库、水务核心数据库和社会服务系统、决策辅助系统、政务管理系统为主要内容的防汛指挥系统建设。依托"数字防汛"技术系统，进一步整合城市快速路、高速公路路况信息及路口视频监控信息，以及气象、市容绿化、建设、交通、房管、水务、农委、公安等资源，完善基础信息，并逐步将排水监测系统、水质监测体系、泵站自动检测体系、泵闸运行监测系统等整合到一个平台，形成集聚化、综合性、全覆盖的信息系统，为防汛应急指挥调度提供支撑。充分发挥"两张网"作用，开发更多实用管用的应用场景，推动防汛工作由经验判断型向数据分析型转变、由被动处置型向主动发现型转变。建立健全洪涝灾害预警信息系统，及时发布气象信息，准确预报洪涝灾害，提高预测系统的精确度。

2. 建立技术安全风险治理机制

在开发和利用现代技术传播信息工具的同时，备份传统的或人工的信息传播方式和平台，关键时刻激活传统或人工的信息传播渠道，弥补现代信息技术本身的缺陷。同时，城市在面对极端灾害时可以发挥市场网络主体信息平台的功能，当城市公共信息服务体系载体出现"过载"现象时，及时发挥其他市场主体平台的补充作用，如抖音、B 站等网络信息平台的功能，及时加强与市民的沟通，引导市民主动避灾，减少灾害带来的危害。

第七章 政务服务热线助力城市运行安全风险精细化防控：以北京市12345市民热线为例

作为一座常住人口超过2000万人的超大城市，北京市在快速发展的过程中，城市运行安全始终是各级党委和政府关注的焦点。近年来，北京市依托12345市民服务热线，深化"街乡吹哨、部门报到""接诉即办"改革，通过构建高效、快速的响应机制，聚焦高频共性难点问题，拓展服务范围和提升服务水平，强化监督考核等措施，不断提升12345市民热线承担重大任务、应对突发事件、防范化解风险的能力。12345市民服务热线不仅成为北京市民心中的民生热线，更成为保障北京超大城市平稳运行的安全热线。

北京12345市民热线在保障城市安全方面发挥着重要作用，特别是在应对突发事件和市民紧急诉求时，其精细化的服务机制为城市的稳定运行提供了有力支持。在2023年7月底极端强降雨期间，北京 12345 市民热线通过高效的接诉即办机制，及时响应市民的各类诉求，持续关注群众反映的突出问题和重点区域情况，加强首发诉求的排查分析，做好信息报送，确保了城市运行和群众生产生活的正常进行，在党委政府与人民群众之间架起了一座"连心桥"，确保了信息的高效传递和问题的及时解决。在安全生产领域，市民可以通过拨打 12345 市民热线，对生产过程中发现的安全隐患、事故苗头、违规行为等进行投诉或举报。通过接收市民举报和投诉，北京 12345 市民热线将这些信息及时转交相关部门处理安全隐患，有效保障了市民的生命财产安全。在突发公共卫生事件应对中，北京 12345 热线成为市民咨询防疫政策、反映生活困难的重要渠道。热线通过高效响应和跨部门协同作战机制，为市民提供了及时、准确的帮助和支持。

北京市 12345 市民服务热线也成为反映城市运行安全状况的"晴雨表"。如 2019 年国庆假期，北京全市实现刑事警情"零接报"，重点区域周边治安"零发案"，12345 市民服务热线来电总量和诉求量"双下降"。《2023 年北京 12345 市民服务热线年度数据分析报告》显示，随着全市对 2023 年 7 月底极端强降雨应急处置工作的开展，北京市涉汛涉灾和冬季降雪降温相关反映量快速回落。因此，对北京市 12345 市民热线的安全功能价值进行研究，分析 12345 市民热线如何保障城市运行安全，提取北京城市治理创新实践的有益经验，对构建超大城市运行安全精细化防控机制具有重要意义。

一、北京市 12345 市民热线助力城市运行 安全风险防控的实践探索

2017 年，北京市在城市治理实践中最早探索了"街乡吹哨、部门报到"工作模式。2018 年，市委将"街乡吹哨、部门报到"改革作为"1 号课题"，建立起基层治理的应急机制。从 2019 年开始，北京市深化党建"街乡吹哨、部门报到"改革，将 12345 市民服务热线受理的、管辖权属清晰的群众诉求直接派至街乡镇，对市民反映问题承担"接诉即办"任务。近年来，北京市聚焦诉求反映集中的高频、共性问题，推动接诉即办向主动治理、未诉先办深化。从"吹哨报到"到"接诉即办"，再到"主动治理"，北京市 12345 市民热线服务体系不断完善，在城市运行安全风险防控方面发挥了重要作用。

（一）构建系统集成的诉求热线网络，实现了对城市运行安全风险治理目标的精准识别

北京市基于 12345 市民热线和非电话热线渠道，将各领域、各层级治理主体统一纳入城市运行安全风险治理体系，建立全天候的热线服务网络，在突发事件发生后能够迅速接听市民的紧急诉求，接收市民关于城市运行安全风险的各类报告，如火灾、交通事故、

安全隐患等，实现了对城市运行安全风险的精准监测、防控目标的精准识别。具体而言，这一热线网络具备了如下特征：

一是防控主体广覆盖。北京市整合了全市 64 条政务便民服务热线，将 343 个街乡镇、16 个区、65 个市级部门、46 个国有企业和 60 个绿通企业全部接入 12345 市民服务热线平台系统，市区街三级政府机构组建专班承接热线派单，公共服务企业 24 小时在线支持，形成"统一模式、统一标准、左右协调、上下联动"的热线服务体系。如在城市防汛防涝方面，北京市防汛办与北京市政务服务管理局建立市民热线涉汛信息对接机制，全市防汛预警响应启动后，每隔一段固定时间，市民热线收集的道路积水、房屋漏雨、人员被困、地下人行通道灌水等相关信息将源源不断汇集至应急指挥大厅，方便后续调度。在城市安全生产方面，北京将北京市安全生产举报投诉热线电话并线到 12345 市民热线，实现了统一接听、统一受理，各区应急管理局均建立了基层工作站，明确由一个科室负责接收市安全生产举报投诉热线分转来的群众诉求事项。

二是信息收集多渠道。北京市推动 12345 市民热线从电话渠道向互联网延伸，开通首都之窗网站"12345 网上接诉即办"平台，上线运行"北京市 12345"微信小程序，建设并完善涵盖"人民网"地方领导留言板、国家政务服务投诉与建议微信小程序、国办互联网 + 督查平台、政务微博、政务头条号、手机 APP 等渠道在内的互联网接诉即办诉求响应矩阵。如在 2023 年 7 月底北京特大暴雨期间，北京 12345 市民热线通过微信公众号上线防汛专栏，预设了房屋漏雨、道路积水、停水停电等 13 个高频问题，供市民"一键反映"，诉求第一时间直达 343 个街乡镇，极大提高了信息传达的效率。此外，北京市应急管理局打通 12345 市民热线、应急管理部举报投诉系统、部门政务网站、微信公众号、在线咨询和信件等多种群众诉求接收渠道，确保接收到的群众诉求能够第一时间响应，第一时间办理。

三是接诉服务全时段。北京市 12345 市民热线坚持实行 365 天、7×24 小时值班制度，各业务系统全时段守候受理群众来电，确保及时接收各类紧急诉求和风险信息。城市运行安全领域各业务部门按照职责边界，对部门职责范围内的诉求第一时间分转，职责范围外的诉求积极与市民热线服务中心沟通，移送相关职能部门处理，确保每件诉求第一时间响应、分办、核查、回复，及时、妥善、高效处理群众诉求，做到急群众之所急、解群众之所难。在突发事件的应对中，北京市 12345 市民热线能够迅速启动应急模式，对各类涉灾涉险诉求进行接诉即办。如 2023 年 7 月底北京特大暴雨期间，热线全体话务员 7×24 小时在岗坚守，对房屋漏雨、道路积水等涉汛涉灾诉求接诉即办，有效保障了市民的生命财产安全。

（二）构建科学高效的任务派单机制，实现了对城市运行安全风险防控力量的精确调度

从 2019 年开始，北京市以 12345 市民热线为总牵引，将市民诉求事项形成工单直接派到承办单位处理，经过后续不断改革和深

化，最大程度调动了各级各部门，尤其是街道乡镇的力量。北京市12345 市民热线利用现代信息技术手段，对收集到的信息进行整合、分类和分发，确保信息能够顺畅地传递至相关部门和基层单位。这种派单方式改变了过去逐级下派的模式，通过"一竿子插到底"，实现了对城市运行中各类安全风险防控力量的精确调度。

一是对派单任务建立清单化目录。北京市 12345 市民热线对收集到的问题或诉求进行分类处理，接线员接到群众诉求后，按照派单目录精准派单，确保了派单的针对性和高效性。为及时、准确地把工单任务转至对口的职能部门，北京 12345 市民热线服务中心结合政府部门权责清单制定了"派单目录"，将各种问题分门别类，形成 48 项一级目录、490 项二级目录和 2509 项三级目录，并实行动态调整更新。对疑难、重点、重复投诉，以及区域交叉、权属不清等诉求，市民热线服务中心可要求承办单位按照规定时间抵达诉求现场，核实诉求情况，进行责任划分。对于诉求事发地清晰、职责部门明确的，服务中心直接派单至承办单位；涉及多个单位的诉求，指定一个单位牵头办理；无法直接派单至具体承办单位的诉求，则会转派至相关区的市民热线服务分中心。

二是对派单对象实行统一化调度。在突发事件应对过程中，北京 12345 市民热线承担了一定的协调调度功能。北京 12345 市民热线通过跨部门协调机制，将市民诉求直接派发至相关部门和单位，根据事件性质和规模，及时调配人力、物力、财力等各类资源，确保各项应急措施能够迅速、有序地实施。通过热线平台，各部门也可以共享信息、协同作战，提高应对效率。例如，在接到关于道路积水的投诉后，热线会立即将信息转给交通、排水等部门，并协调相关部门共同前往现场处理。根据派单任务和对象的不同特点，实施"首派负责"制，街乡能够自行解决的诉求，及时就地解决；需要跨部门解决的复杂问题，由街乡启动"吹哨报到"机制，调动相关部门力量共同研究解决；需要进一步研究办理和回复的，及时做好沟通解释和安抚工作。探索诉求联合双派制度，将涉及街乡和市区两级部门的诉求，派街乡的同时，派区政府或市级部门，缩短"条""块"衔接周期。

三是对派单过程实行标准化管理。为提升派单精准度，北京市制定出台了地方标准《12345市民服务热线服务与管理规范》，明确接听、派单、回复、退单等环节的具体流程和标准。建立了派单异议审核机制，对复杂工单集体会商，指导区级分中心发挥派单审核作用。同时，加强派单沟通，持续跟踪每日退单的情况，及时协调承办部门。定期要求相关单位开展派单交流，必要的时候在热线驻场办公。及时梳理汇总日常诉求派单的热点难点问题，动态优化完善各类问题处置办法。北京市还特别对派单时限作出了要求，对突发事件、不稳定因素、公共卫生事件以及其他可能造成生命财产损失的诉求，应在1小时内派单；水电气热等基本民生保障和极端天气等诉求应在2小时内派单；一般诉求应在24小时内派单，话务量大量集中时，应在48小时内派单。当市民反映诉求较为急迫，或多位市民集中反映同一问题时，工单会转交至相关岗位，再由该岗位工作人员通过电话直接联系相关单位，提前对该问题作出响应。

（三）构建响应迅速的"接诉即办"机制，实现了城市运行安全风险防控任务的高效落实

北京 12345 市民热线反映的城市运行安全问题能快速有效得到处置，与"接诉即办"工作机制密不可分。"接诉即办"的关键在于"即"，承办单位在接到市民、企业的任何反映（包括咨询、建议、诉求、投诉）后，不允许有任何停留，必须立即采取回应和行动。在实际运作中，各承办单位也会安排专门的"接诉即办"人员，实行 24 小时值守，确保第一时间接收到市民热线服务中心派过去的工单，第一时间跟诉求人取得联系，特别是重点解决一些急难险重的问题。

一是紧急与非紧急事项分流办理。北京市"接诉即办"改革改变了原有的热线受理办理反馈工作机制，原先的市民诉求问题处理时限一般为 7 个或 15 个工作日，改革后区分了不同重要程度和紧急程度的诉求事项，对紧急事项和非紧急事项实行分流办理。在签收时限上，根据北京市《12345 市民服务热线服务与管理规范》，突发事件、不稳定因素、公共卫生事件以及其他可能造成生命财产损失的诉求，应在 15 分钟内签收；水电气热等基本民生保障和极端天气等诉求，应在 30 分钟内签收；一般类诉求应在 24 小时内签收。在处理时限上，重大紧急突发事件或者容易引发舆情的群体性事件，要求 2 个小时内必须办理完毕；对于涉及水电气热等群众生活保障

问题，要求必须 24 小时之内处理完成；对于城市管理中的各类常规事项，通常要求 7 个自然日之内处理完成；对于相对复杂的问题，要求 15 天内完成。

二是紧急事项提级快速办理。针对市民反映的紧急诉求事项，北京 12345 市民服务热线将启动提级处置程序，如确保 2 小时响应、6 小时办结，并在当天进行滚动回访，以快速解决市民的急难愁盼问题。根据"接诉即办"要求，在接到市民的紧急诉求后，相关承办单位和广大基层干部迅速行动，确保市民的诉求得到快速、彻底解决。例如，北京市房山区城关街道西街村党支部书记任晓峰在接到"富仕苑 1 号楼水位上涨"的诉求后，立即组织救援队伍，成功转移受困群众，并亲自下水封堵污水出水口，确保了小区供电安全。北京市昌平区霍营街道建立完善了"12345"工作法，针对群众投诉举报的违法群租隐患，按照"闻风而动、接诉即办"的要求，严守接诉即办、专人负责，能联系到出租主体的，立即组织拆除，不能联系到的，尽快在 24 小时内响应办结。

三是跨部门事项差异化协同办理。按照北京市 12345 市民热线相关管理规定，涉及多个单位的紧急诉求将实行首接负责制，由首接单位牵头协调办理。针对需要跨部门解决的复杂问题，承办单位通过"吹哨报到"工作机制，召集相关部门现场办公、集体会诊、联合行动，整合辖区资源统筹解决。针对跨行业、跨区域的诉求，建立分级协调办理机制。针对本级难以解决的重点、难点诉求，提请上级党委政府和行业主管部门协调解决。另外，加强事前和事中管理。承办单位签收后，应及时联系诉求人核实情况、查清事由、落实解决；承办单位在办理过程中，应与诉求人保持沟通，核实具体情况、听取诉求人意见建议、告知办理进展，并根据需要查看现场。

（四）构建闭环运行的考核督办机制，实现了对城市运行安全风险防控绩效的持续优化

北京 12345 市民热线将市民诉求的办理情况，尤其是市民反馈作为考核依据进行考核管理，将考核结果运用于城市运行安全风险防控措施的改进。这种闭环运行的机制，使得市民的诉求得到了及时有效的解决，也为城市运行安全风险精细化防控提供了有力保障。

一是建立了"双反馈"机制。北京 12345 市民热线建立了"双反馈"机制，即承办单位将诉求办理情况及时向来电人反馈，并同时向 12345 热线反馈，确保"事事有回音、件件有落实、效果有反馈"。接办诉求后，承办单位将诉求办理情况告知诉求人，具体承办人对每件诉求的办理情况点对点向群众反馈。突发事件、不稳定因素、公共卫生事件以及其他可能造成生命财产损失的诉求，将在 2小时内反馈；水电气热等基本民生保障和极端天气等诉求，将在 24小时内反馈；一般诉求，将在 7 个自然日内反馈；复杂疑难诉求将在 15 个自然日内反馈。即使诉求未解决，也将反馈主责单位、未解决原因、下一步工作措施及落实时间等信息。如果诉求属于不能解决的类型，则将反馈不能解决原因或困难、有无研究工作措施等内

容。这一机制确保了信息的透明度和公众的知情权，也提升了政府在城市运行安全风险防控中的服务质量。

二是以市民为中心开展考评回访。北京市12345市民热线服务中心通过回访征求群众对工作的评价，形成接诉、办理、督办、反馈、评价的闭环运行机制。12345市民热线电话开通"好差评"提示功能，诉求办理时限期满后，12345市民热线将通过电话、短信、网络等方式进行回访，由诉求反映人对诉求响应情况、解决情况、办理效果及工作人员态度作出评价。强化以"三率"（响应率、解决率和满意率）为核心的考评指标，每月对各街乡、各区、市级部门、承担公共服务职能的企事业单位进行考评，并通报排名。建立"七有"（幼有所育、学有所教、劳有所得、病有所医、老有所养、住有所居、弱有所扶）和"五性"（便利性、宜居性、多样性、公正性、安全性）监测评价指标体系，定期对各区进行综合评价，引导各级政府补齐治理能力短板，充分发挥考核指挥棒的导向作用。

三是对绩效目标实施督办跟进。为了确保12345市民热线的运行效果，北京市还建立了严格的督办跟进机制，通过多种监督方式，如市委书记点名、区领导约谈、纪检介入、街乡镇内部监督、群众监督等，层层压实责任，确保各项工作落到实处。例如，对排名最后的区实行末位约谈制度，市委常委、组织部部长将每月约谈相应区的区委书记。其中，针对公共应急、集中反映、多次流转未解决的诉求，市民热线服务工作机构组织承办单位将以会议的形式协商推动解决。对问题集中和考评靠后的承办单位，将进行专项督查督办、实地督查督办，推动解决群众反映集中的诉求；对办理过程中存在的对诉求人提出的诉求推诿扯皮、敷衍塞责的情况，同样将进行督办。这种"上下同欲"的跟进模式，为多元主体参与城市运行安全风险防控提供了激励和约束机制。

（五）构建问题导向的主动学习机制，实现了对城市运行安全风险防控理念的变革转换

北京市 12345 市民热线利用大数据和人工智能等信息技术，对在城市运行安全风险防控中收集到的信息进行学习和分析，识别出公共安全领域的高发问题和潜在风险，对共性诉求、共性问题提前研判解。热线将监测、感知的结果反馈至相关部门，为强化协同治理提供科学依据和重要参考，从而更好地服务城市运行安全风险防控工作，辅助政府决策施政。这一机制改变了以往对问题的被动回应思路，实现了城市运行安全风险防控从"接诉即办"到"主动治理、未诉先办"的理念转换。

一是基于数据的问题分析挖掘。北京市 12345 市民热线建立了热线受理数据库，建设了以诉求量分析、类别分析、地域分析、考核排名、城市问题台账为主要内容的大数据分析决策平台，实现了全市热线受理数据的统一汇总和深度分析运用。这些数据主要来源于两个方面，一是市民每天形成的工单数据，可以实时通过大屏进行智能分析和实时查看；二是热线系统外的外部单位数据，通过建立数据分析对接机制，实现数据的共享利用。从 2019 年开始，北京

12345市民热线系统建立"日通报、周汇总、月分析"机制，每日汇总分析群众诉求情况，并对各区或者街道乡镇的接诉量和诉求问题进行分类排名，为市委、市政府决策提供支撑。

二是基于共性问题的专项治理。北京市12345市民热线不仅关注紧急诉求，还聚焦市民反映强烈的高频共性难点问题。通过开展"每月一题"和治理类街乡镇专项治理，形成长效治理机制，不断提升城市运行安全风险精细化防控能力。例如，针对供暖初期的投诉问题，通过加装外保温层、更换密封窗、更新暖气管等措施，有效解决了老楼漏水问题。在防汛工作中，北京市应急局、北京市政务服务局将近年来出现群众诉求的积滞水点位进行分类后落点落图，汇聚降雨和水位监测信息，绘制出"北京市涉诉积滞水点位地图"，既辅助应急指挥调度，又提升群众诉求响应效率。这种精准施策、标本兼治的方式，不仅解决了市民的眼前困扰，更从源头上消除了安全隐患。

二、北京市12345市民热线助力城市运行安全风险防控的经验启示

北京市12345市民热线在城市运行安全领域的成功运用，不仅促进了组织内部结构的重塑，也提升了组织对外部风险问题的精细化回应能力。从组织内部关系看，12345市民热线的核心机制

是"接诉即办"，是对不同治理主体之间纵向治理关系进行的深刻调整，① 也为政府绩效管理提供了创新契机。② 从组织外部关系看，12345 市民热线的关键目标是敏捷治理，③ 在数据治理范式的驱动下，超大城市政府的精准施策和诊断评估的能力得到强化，社会治理模式实现从危机应对向问题导向转换。④ 北京 12345 市民热线的成功实践，为加强特大城市运行安全风险精细化防控、推动韧性安全城市建设带来了如下启示：

（一）必须坚持党对韧性城市建设的全面领导

韧性城市建设是一项系统工程，强调在面临自然灾害、事故灾难等意外冲击时，城市空间具备在逆变环境中承受、适应、快速恢复、可持续发展等能力。韧性城市建设是全方面的，涉及规划、建设、管理、运行等多个方面，必须加强党的全面领导，统筹各方面安全工作力量，加强安全责任落实，为韧性城市建设注入强大力量。北京市 12345 市民热线牢牢把握党建引领这一主线，在接诉即办改

---

① 李文钊：《从"接诉即办"透视中国基层之治——基于北京样板的国家治理现代化逻辑阐释》，《中国行政管理》2023 年第 6 期。

② 马亮：《数据驱动与以民为本的政府绩效管理——基于北京市"接诉即办"的案例研究》，《新视野》2021 年第 2 期。

③ 于文轩、刘丽红：《北京"接诉即办"的理论基础和发展方向：敏捷治理的视角》，《中国行政管理》2023 年第 4 期。

④ 孟天广、黄种滨、张小劲：《政务热线驱动的超大城市社会治理创新——以北京市"接诉即办"改革为例》，《公共管理学报》2021 年第 2 期。

革中发挥了党组织总揽全局、协调各方的作用，推动市民热线工作更好服务韧性安全城市建设。

一是建立党领导下的多元化组织体系。北京市设立了"接诉即办"改革专项小组，在市委全面深化改革委员会领导下，负责全市12345市民热线工作的统筹谋划、整体推进、督促落实。各级各部门普遍结合实际成立领导机构、专项小组或工作专班，完善党委领导、政府负责、市级部门和街道乡镇以及承担公共服务职能的企事业单位落实、社区（村）响应、专班推动的权责明晰的领导体系和工作体系，构建起党组织统一领导、各类组织积极协同、广大群众广泛参与的多元共治的格局，为城市运行安全风险精细化防控工作奠定了扎实的组织基础。因此，构建特大城市运行安全风险精细化防控机制，应坚持把党的领导贯穿工作始终，推进以党建引领城市治理创新，确保韧性城市建设保持正确方向。

二是强化党领导下的全链条责任体系。在市委统一领导下，各级党委政府把12345市民热线作为"一把手"工程，突出"书记抓、抓书记"，明确把做好12345市民热线工作作为各级党政主要领导干部的政治责任。在市、区和街镇各级"一把手"的亲自领导、指挥、协调、督办下，12345市民热线工作作为各部门考核的重要内容和干部选拔任用的重要参考，被置于突出甚至首要位置。这种自上而下的责任体系，有助于形成巨大的政治压力，推动热线问题的快速解决。因此，构建特大城市运行安全风险精细化防控机制，应用好干部考核这一关键指挥棒，确保城市运行安全风险防控责任层层压实。

三是推动形成大抓基层的鲜明导向。基层是城市运行安全风险的聚集地和主要承载体，是防范化解重大风险挑战的关键场所。北京市在 12345 市民热线建设过程中，充分发挥党组织在基层治理中的领导核心作用，从 2019 年开始，通过"吹哨报到""接诉即办"改革，将通过热线反映的诉求直接派单到所属街道乡镇，在城市运行安全风险防控中形成了大抓基层的新导向，有效降低了基层安全风险隐患。因此，构建特大城市运行安全风险精细化防控机制，应坚持推动治理重心下移，使基层成为党领导人民防范化解城市运行重大风险的坚固堡垒。

（二）必须坚持以人民为中心的精细化防控理念

推进韧性城市建设，首先要回答"为了谁""依靠谁"这一根本问题。在以往的韧性城市建设中，一些地方过于关注设施、技术等物质层面因素的作用，相对忽视了人的价值和需求，导致韧性安全城市建设仅仅是"为了安全而安全"的项目工程。北京市 12345 市民热线的设计初衷就是为了解决群众诉求问题，遵循的是一种以人民为中心的服务逻辑，坚持为民服务价值，增强人民主体地位，提供人民满意的服务。① 在城市运行安全风险防控中，这一服务逻辑

---

① 曹海军、王丽娟：《服务逻辑主导下的数字赋能、政民互动与价值共创——以北京市"接诉即办"为例》，《理论探讨》2023 年第 6 期。

也得到了相应延续，体现为一种人性化、精细化的风险防控理念。

一是坚持以满足群众需求作为防控出发点和落脚点。北京12345市民热线坚持"民有所呼、我有所应"，对企业和市民反映的难点、痛点、堵点问题，予以快速响应、高效办理、及时反馈，是政府部门坚持为人民服务宗旨的体现。如2023年7月北京暴雨灾害中，面对因雨情激增的来电，市民热线服务中心通过加强人员值班值守，延长座席班务、增加班次等措施，尽力保障热线24小时畅通，并且优化涉雨涉汛相关问题业务指引，确保高频问题精准解答、记录、派发，有力保障了人民生命财产安全。这种"围着群众转、围着问题转"的制度设计，在城市运行安全风险防控中有助于维护广大群众的切身利益，确保防控工作不变味、不变质。因此，构建特大城市运行安全风险精细化防控机制，应坚持问题和需求导向，树立以人为本的服务理念，让以人民为中心的重要理念贯穿城市运行安全风险防控全过程。

二是坚持以群众满意作为防控结果的评价标准。城市运行安全风险防控工作是好是坏，群众最有发言权。工作成效如何、老百姓是否满意，都可以通过热线了解到。北京12345市民服务热线聚焦"七有"要求和"五性"需求，把"以人民为中心"理念具体转化为可操作的测量指标体系，引导和推动各级政府向前一步推动治理变革，通过主动解决问题提升城市治理效能。热线接到的老百姓反映的诉求问题，通过反馈给各个部门，集中发现工作中的薄弱环节，有针对性地开展精准治理。因此，构建特大城市运行安全风险精细化防控机制，应把人民评价作为改进工作的核心依据，认真吸纳人民对于城市运行安全风险防控工作的改进建议。

三是坚持发挥人民首创精神实现群防群控。北京 12345 市民热线的设立，鼓励了市民参与城市运行安全风险的监督和管理，形成了政府、企业、社会共同参与城市运行安全治理的格局。通过热线的举报和投诉功能，市民可以积极参与到城市运行安全风险的防控中来，为城市运行安全风险防控的持续改进提供有力支持。随着市民参与度的提高，社会力量参与城市运行安全风险防控的积极性得到了加强，企业和个人对城市运行安全风险防控的重视程度也得到了提升。这种社会共治的局面，有助于推动城市运行安全风险防控的持续改进和优化。因此，构建特大城市运行安全风险精细化防控机制，应坚持"共建共治共享"，引导社会有序参与，构建起城市运行安全风险的人民防线。

（三）必须坚持遵循事物发展的全生命周期

现有的韧性安全城市在建设过程中偏重于事中监管与事后处置，但如何突出事故风险从事中事后监管向事前预防转移还亟待加强。强调事故隐患从源头上杜绝发生、将隐患风险消解于萌芽，才能在最大程度上保障好人民生命和财产安全。同时，事故风险要强化闭环处置管理，注重分析隐患与事故成因，强化风险隐患全过程管理，从根本上不断提升防灾减灾救灾能力。北京市 12345 市民热线的工作实践，为构建符合全生命周期规律的城市运行安全风险精细化防控机制提供了有益参考。

一是要推动城市运行安全风险治理的关口前移。除了反映市民利益诉求外，北京 12345 市民热线的另外一个重要功能，就是接收城市运行安全风险的相关投诉和举报，为监管部门提供了重要的线索和依据。在一些威胁城市运行安全的违法行为查处过程中，北京 12345 市民热线起到了关键作用。通过热线的反馈，监管部门能够及时发现并查处城市运行安全中的违法行为，加大违法行为的监管力度，推动企业和个人遵守法律法规。市民通过热线反映的问题，促使监管部门迅速行动，对违法行为进行提前介入，消除风险隐患，维护了社会的安全和稳定。因此，构建特大城市运行安全风险精细化防控机制，应推动公共安全治理模式向事前预防转型，把风险控制在苗头和萌芽状态。

二是实现城市运行安全风险的闭环处置。北京 12345 市民热线将市民诉求的处理分为若干阶段和环节，并在每一阶段实施跟踪介入，实现全流程管控，形成了管理闭环。其中，目标识别是发现环节，其核心是第一时间发现城市运行安全风险和市民紧急诉求。任务派单是分配环节，其核心是第一时间将群众诉求转化为可操作、可解决的治理事件，并精准确定责任主体。响应处置是解决环节，其核心是不同治理主体调动自身资源，在权限和职责范围内对城市运行安全风险进行快速处置，解决市民紧急诉求。督办跟进是评价环节，其核心是评价问题是否得到真正解决、诉求主体是否满意，并采取措施确保既定目标的实现。学习反思是提升环节，其核心是通过主动的制度创新和治理创新，从源头上减少城市运行安全风险的产生。因此，构建特大城市运行安全风险精细化防控机制，应加强闭环处置和反馈控制，避免"百密一疏"。

三是促进常态与非常态情景的衔接转换。在常态情景下，北京 12345 市民热线主要面向城市管理中的常规性、非紧急类诉求，如垃圾分类、物业管理问题等，响应措施具有服务性强、处置周期长等特征。在非常态情景下，城市运行中将难免出现大量的突发性、紧急类诉求，如房屋漏雨、防汛救灾、路面积雪结冰、供暖问题、公交地铁运行故障等。对于此类诉求，北京 12345 市民热线依托"接诉即办"机制，建立了相应的响应程序，通过开辟特殊通道、提级处置等，实行急事急办、特事特办，力求第一时间解决市民紧急诉求。如在突发公共卫生事件暴发后，北京市 12345 市民服务热线迅速增设了涉疫咨询、心理咨询、涉外防疫服务、复工复产等"六线一席"，对涉疫诉求提级响应、优先办理。因此，构建特大城市运行安全风险精细化防控机制，应加强平急转换机制建设，特别是增强城市应对极端灾害性事件的能力。

（四）必须坚持以法治思维推动改革走向深入

韧性城市建设并非只是一项应急工程，而是体现在安全生产、社会治安、医疗卫生、生态环境、食品药品安全等诸多领域，但当前相关行业管理部门对于韧性安全城市的认识不足，多数城市仅停留在概念设计阶段，在系统推进韧性城市建设过程中还存在行业壁垒。此外，推进韧性城市建设相关政策方案尚不完善，对于韧性城市建设缺少相关的行业标准与业务指标，使得韧性城市建设缺乏指导性和针对性。这些问题的存在，一定程度上源于韧性城市建设缺乏顶层设计的支撑和可持续保障。北京 12345 市民热线的高效运行，正是源于其背后的法治思维，形成了全面立体制度体系和工作标准，规范和完善全过程闭环管理。

一是以立法巩固改革创新经验。在推进接诉即办改革的过程中，北京市边实践边总结，将实践中证明行之有效的机制上升为法律条款，用法治保障改革的深入推进。在总结近年来首都基层治理创新经验基础上，北京市通过设立工作专班、深入开展立法调研、广泛开展立法协商、多轮次公开征求意见等，研究形成《北京市接诉即办工作条例》。该条例从诉求分类、精准派单、诉求办理、考核评价、主动治理等方面，对 12345 市民热线的全链条工作流程进行规范，明确了"接""办"的主体，对诉求主体依法赋权和引导。以法治化手段固定改革经验，是北京 12345 市民热线助力超大城市运行安全风险精细化防控的重要形式。因此，构建特大城市运行安全风险精细化防控机制，应加强制度建设，坚持立法先行，及时把改革中的成功经验用法定形式固定下来。

二是配套支撑打好改革组合拳。为持续完善 12345 市民热线工作体系，北京市先后出台包括《关于优化提升市民服务热线反映问题"接诉即办"工作的实施方案》《关于进一步深化"接诉即办"改革工作的意见》等超过 800 项相关工作制度，努力推动各项改革举措"上下贯通、衔接有效"。针对关键业务环节出台配套文件，相继制定接诉即办首接负责制工作办法、公开工作试行办法等，细化派单目录，修订完善考评办法。如 2019 年 11 月，出台《北京市街道办事处条例》，明确街道办事处职责定位，赋予其行政执法和组织协调职权，强化基础"吹哨"能力。为鼓励社会参与安全生产监督工作，制定出台《北京市突发公共卫生事件应急条例》，建立突发公共卫生事件隐患社会报告举报机制、报告人信息保护和奖励等机制。正是这一系列配套举措的及时出台，推动了热线工作规范健康运行，为北京超大城市运行安全风险精细化防控创造了条件。因此，构建特大城市运行安全风险精细化防控机制，应加强配套政策体系建设，为城市运行安全治理模式的革新建立起全方位的支撑。

三、推动市民热线助力城市运行安全风险防控的未来展望

目前，特大城市各类风险因素聚集，各种突发性公共事件处于频发、高发态势。政务服务便民热线作为党委政府与民众之间的关键沟通纽带，在突发公共事件发生时，自然而然地成了民众表达诉求的首要渠道。因此，确保热线畅通无阻，迅速且有效地传达党委政府的信息与态度，便成了政务服务便民热线不可推卸的责任与使命。《2024 年 349 个城市 12345 热线运行质量监测报告》显示，

2024 年 12345 热线运行质量同比提升 0.98 分，并呈现如下特征：话务员直接解答率为 54.25%，问题解决质效待提升；热线功能建设存差异，互联网端运行能力差距明显；近六成热线企业诉求"一键直达"，惠企服务效能还需提升；行业热线问题解决能力更强，热线间服务效能差别大等。习近平总书记指出，要深刻认识互联网在国家管理和社会治理中的作用，加快用网络信息技术推进社会治理。提高特大城市运行安全风险精细化防控能力，必须强化信息化数字化支撑，推动市民热线更好助力城市运行安全风险防控。

一是继续强化热线平台建设，持续提升热线平台服务能力。引入新技术，积极引入人工智能、大数据等新技术手段提升热线服务的智能化水平，提高处理效率和准确性。利用智能分析技术预测和识别潜在的城市安全风险，为政府决策提供科学依据。推动平台升级，定期对热线平台进行升级和维护确保系统稳定运行并适应城市安全治理的新需求和新变化。通过优化热线系统，提升热线系统的稳定性和接通率，确保群众在紧急情况下能够顺利接入。引入智能客服系统，通过自然语言处理等技术，实现部分常见问题的自动解答，提高处理效率。完善工作流程，制定详细的工作流程和操作规范，确保热线接听的每一个环节都有章可循。实行"一号对外、集中受理、分类处置、限时办结"的工作机制，实现热线管理的规范化、标准化。加强队伍建设，定期组织热线工作人员进行业务培训，提升他们的专业素养和服务意识。配齐配强热线工作人员，确保有足够的人力资源来应对高峰时段的接听需求。

二是深化热线与城市安全治理的融合，提升热线系统应对极端突发情景的适应能力，建立联动机制。加强热线与城市安全管理部门之间的沟通协调，建立信息共享和联动处置机制。对于涉及城市安全的紧急诉求，确保能够第一时间转交相关部门处理，并跟踪督办直至问题解决。拓展服务范围，将城市安全治理的相关内容纳入热线服务范围，如公共安全、食品安全、环境安全等。通过热线平台收集群众关于城市安全方面的意见和建议，为政府决策提供参考。强化数据分析，利用热线平台积累的大量数据资源，进行深度挖掘和分析，发现城市安全治理中的潜在问题和风险点。定期对城市安全诉求进行常态化分析和阶段性总结研判，对反映强烈的苗头性、隐患性诉求及时预警并采取措施加以解决。探索建立"互联网＋城市安全治理"新模式，通过线上线下相结合的方式，提高城市运行安全风险防控效率和效果。

三是提升群众参与度和满意度。加强宣传推广，利用线上线下多种渠道宣传推广便民热线的功能和作用，提高群众对热线的知晓率和信任度。鼓励群众在遇到问题时积极拨打热线反映情况，形成全社会共同关注城市安全的良好氛围。完善反馈机制，建立完善的群众诉求反馈机制，确保每一件诉求都能够得到及时、有效的处理并反馈给群众。对于群众不满意或重复投诉的问题要高度重视并采取措施加以解决直至群众满意为止。开展满意度调查，定期开展群众满意度调查工作了解群众对热线服务的评价和意见建议，并根据调查结果不断改进和提升热线服务水平。

四是加快构建热线发展新格局。12345 热线提供精准化、个性化衍生服务，是提升企业群众获得感的必要措施。为解决市民热线建设和运营中的各类问题，需要各方围绕新协同、新技术、新服务发力，推动热线形成高效化、特色化、智能化、多元化的发展模式，以多元服务点燃热线发展新动能。鼓励社会力量参与市民热线服务体系建设，形成政府主导、社会共治的城市运行安全风险防控格局。一方面要推动惠企服务发展，通过服务延伸、服务流程优化、加强数据汇聚融合、提升数据深度应用等方式，提供更为精准的惠企服务；另一方面要针对有特殊需求的群体提供更广泛的个性化服务，实现服务内容、服务形式的不断创新；此外要基于需求优化互联网端服务，摒弃"指尖上的形式主义"。

第八章　安全风险精细化防控的技术支撑：以上海城市运行"一网统管"赋能风险治理为例

从韧性城市建设的角度来看，技术韧性是提高城市韧性的重要支撑和保障，通过技术更新和迭代，大大提高了城市风险防控的能力和水平。在特大城市运行安全风险精细化防控机制建设中，数字技术应用和赋能是重要依赖和选择。上海在探索城市精细化管理方面做了很多探索，其中城市运行"一网统管"体系的探索是治理数字化实践的重要载体，同时也是城市运行安全风险精细化防控的重要路径依赖。

上海城市运行"一网统管"建设最初始于2017年全国"两会"期间习近平总书记在参加上海代表团审议时强调，走出一条符合超大城市特点和规律的社会治理新路子，是关系上海发展的大问题，城市管理应该像绣花一样精细。上海各级政府和部门结合自身的业务，借助现代化的数字技术提高城市治理效能。2017年底，浦东新区开始探索城市综合管理智能化和精细化治理模式，建立城市运行管理中心平台，把城市运行中的主要职能部门归结到一个平台进行，进行数据共享和资源共享，大大提高了城市治理的效率。

2018年11月，习近平总书记在浦东新区城市运行综合管理中心考察时指出，既要善于运用现代科技手段实现智能化，又要通过绣花般的细心、耐心和巧心提高精细化水平，绣出城市的品质品牌。为贯彻落实习近平总书记考察上海重要指示精神，上海市委市政府主要领导要求上海探索和建设城市管理"一张网"，并提出了"一屏观天下，一网管全城"的目标要求。2019年9月，上海市委主要领导在考察上海智慧公安建设的基础上，明确提出推行"一网统管"建设，聚焦"一屏观天下，一网管全城"目标，这一阶段主要以智慧公安建设成果为依托，集成了22家部门33套系统，初步实现了观、管、防同步的运行体系。

2019年11月，习近平总书记考察上海时强调，要抓一些"牛鼻子"工作，抓好"政务服务一网通办""城市运行一网统管"，坚持从群众需求和城市治理突出问题出发，把分散式信息系统整合起来，做到实战中管用、基层干部爱用、群众感到受用。为提高城市治理现代化水平，抓好"牛鼻子"工程，做到实战中管用、基层干部爱用、群众感到受用，上海市委、市政府于2020年初出台上海城市运行"一网统管"建设三年行动计划，全力推进以"一网统管"为标志的智慧政府建设。上海市委、市政府将城市运行"一网统管"作为本市城市治理最重要的工作来抓，城市运行"一网统管"建设工作在全市层面推开，市政府办公厅成立了城市运行管理中心，各区、街镇在网格化管理中心的基础上，成立了实体运作的区、街镇城市运行管理中心平台。2020 年 4 月 13 日，市委、市政府召开了全市"一网通办""一网统管"工作推进会议，进行全面动员部署。2020 年 9 月，上海城市运行管理中心指挥大厅投入使用，标志着上海城市运行"一网统管"进入了新的发展阶段。2020 年底，上海市委市政府出台《关于全面推进上海城市数字化转型的意见》，明确指出推动治理数字化转型，提高现代化治理效能。把牢人民城市的生命体征，打造科学化、精细化、智能化的超大城市"数治"新范式，把围绕着"高效处置一件事"的城市运行"一网统管"建设作为城市治理数字化转型的重要内容和载体。

一、城市运行"一网统管"的基本内涵和目标定位

上海市委主要领导强调指出，"一网统管"着力于"高效处置一件事"，努力做到"一屏观天下、一网管全城"。① "一网统管"重视通过引入智慧化、智能化管理手段和方式，实现整体性政府、智慧型政府和服务型政府的融通，实现"一屏观天下、一网管全城"的

---

① 《推动"高效办成一件事""高效处置一件事"！今天这个大会部署推进"一网通办""一网统管"》，《解放日报》2020 年 4 月 13 日。

目标，推动"高效处置一件事"。"一网统管"概念的每个字都有特定的含义，整合在一起构成一个完整的体系和系统。

具体而言，"一"体现建设"整体性政府"的要求，强调成立统一的城运系统整体推进改革，强调基础设施的统一性、数据信息的一致性、处置平台的标准化和处置过程的协同性，打造"整体性政府"，努力实现"一屏观天下，一网管全城"的目标。"网"主要强调纵向横向和线上线下的协同，重视引入互联网技术和大数据思维，通过构建整合的城市运行平台，优化和完善处置流程，提升城市管理和社会治理的智能化、智慧化水平，提升处置效率和效能，为建设智慧政府提供支撑。"统"涵盖统一、统筹、统领，统一主要包括统一数据资源、地理信息系统、处置力量、基本管理事项、管理平台、管理运行系统，为协同治理提供保障；统筹主要指数据、资源、力量的整合，打破政府管理和社会治理的碎片化，建设整体性政府；统领主要指通过智能化平台和智慧性手段的引入，倒逼和撬动政府进行改革和再造，统领政府流程的改革。"管"主要指全生命周期的管理理念和模式。坚持在推进政府职能转变，明确政府该管也必须管好的事项的基础上，形成城市全生命周期管理，手段和技术要管用，通过技术赋能和政府再造实现更好的"放"和更优的"管"。①由此可以看出，"一网统管"建设的目标是"搭建一网平台，统筹管

---

① 赵勇等：《探索城市治理的"上海方案"：着力把握"一网统管"中的"统"》，《解放日报》2020年6月24日。

理事务"，即"建一网，统筹管"。

城市运行"一网统管"的内涵主要体现在其目标、价值取向和基本架构等方面：

首先，"一网统管"坚持"一屏观天下、一网管全城"的目标定位。

所谓"一屏观天下"，就是在一个端口上实现城市治理要素、对象、过程、结果等各类信息的全景呈现。所谓"一网管全城"，就是把城市治理领域所有事项放到一个平台上进行集成化、协同化、闭环化处置，提升处置效果和效能。"一屏观天下、一网管全城"目标具体有两个方面的要求：一是全域全量数据的汇聚与运用。"一网统管"秉持系统治理是综合治理的理念，整合城市治理各领域的信息数据、生产系统，构建万物互联、数字联通的完整系统。二是"观""管""防"的有机统一。其中"观"是基础前提，"管"是关键所在，"防"是更高要求。具体就是围绕"一件事"实现数字化呈现、智能化管理和智慧化预防。

其次，"一网统管"强调"应用为要、管用为王"的价值取向。

"一网统管"建设中要做到"实战中管用、基层干部爱用、群众感到受用"。为实现此目标，需要坚持三个原则：一要着眼于"高效处置一件事"，以处置事件为中心，让技术围着业务转，让技术服务于业务，理顺派单、协调、处置、监督的管理流程，推动一般常见问题的及时处置、重大疑难问题的有效解决，推动风险预防关口的主动前移；二要着眼于防范化解重大风险，"一网统管"既要解决群众面临的具体问题，也要解决超大城市运行中的重大问题，特别是各种可以预料和难以预料的重大风险；三要着眼于跨部门、跨层级、跨领域的协同联动，推动处置效能和效果的提升。

最后，"一网统管"的基础是构建"三级平台、五级应用"的运行主体构架。

"一网统管"需要形成具体部门来推进改革，上海市构建了市、区、街镇三级城运中心，形成了"三级平台"。具体而言，"三级平台"就是指市、区、街镇三级构建城运中心，与上海市"三级政府、三级管理"和"两级政府、三级管理"相适应，三级城运中心都实行实体化运作，统筹管理本辖区的城运事项。当然，"三级平台"在运行机制和重点上也略有差异，市级平台重在抓总体、抓大事，具体包括确定"一网统管"的逻辑框架，建设重大数据基础设施，制定操作业务规则，开发市级平台业务应用，并为全市"一网统管"建设提供统一的规范和标准。区级平台是承上启下的重要一环，重在发挥枢纽、支撑功能，是绝大多数事件处置最主要的指挥中心。街镇平台是信息收集的前端和事件处置的末端，重在抓处置、强实战，重点是处置城市治理中的具体问题。

在"三级平台"的基础上重视"五级应用"，"五级应用"主要指从市级、区级、街镇、网格到社区（楼宇）五个层级推进改革，形成应用。前三级侧重指挥协调功能，后两级则主要是利用移动终端进行现场处置。"五级应用"相互之间有分工，也相互联系。"五级应用"相互之间重在赋能，每一级着眼于为下一级赋能，着眼于解决基层的共性问题和难题。

总体而言，城运中心是"一网统管"的运作实体。各级城运中心要充分发挥数据赋能、系统支撑、信息调度、趋势研判、综合指挥、应急处置等职能，组织、指导、协调、赋能各业务主管部门和基层开展工作，推进"高效处置一件事"。

二、城市运行"一网统管"建设的基本框架

从管理领域来看，"一网统管"聚焦"四域"，即公共管理、公共服务、公共安全和应急处置这四个城市治理的领域，促进四个领域都实现高效管理、良性治理。并且，在管理状态方面，"一网统管"着力于"两态"，即日常状态和应急状态，既做到日常状态的管理，也实现应急状态的治理，对城市生命体开展统筹协调、精准高效的治理，目标在于走出一条符合超大城市特点和规律的社会治理的新路子。

（一）城市运行"一网统管"的框架

"一网统管"建设，以城运系统为基本载体，以城运中心为运行实体，将城市治理科技含量提升、管理流程再造和队伍管理升级三位一体推进，着力打造五大体系。这五大体系构成了"一网统管"的基本框架。

一是健全组织结构体系。组织结构包括市区街镇三级治理体系，在三个层级形成和构建实体化运作的中心，统筹管理辖区内的城运事务。逻辑结构，也就是形成两级界面，三级平台，五级应用，在市区两级搭建城市运行平台，整合各部门的数据系统和网络，承担存储算力等基本数据保障；在市区街镇三级搭建城市运行平台，提供基础赋能的工具；市区街镇网格社区这五级都应用城运系统，履行各自的治理职能，为政府各部门和基层单位全方位赋能。坚持重心下移，疑难下沉，权力下放，做实基层综合管理队伍，推行一线综合执法，提升部门专业管理能力，将专业执法与综合执法有机衔接，真正实现高效处置一线事件。

二是建构技术支撑体系。着力打造"三级平台、五级应用"的基本逻辑架构，形成"六个一"（治理要素一张图、互联互通一张网、数据汇集一个湖、城市大脑一朵云、系统开发一平台、移动应用一门户）的技术支撑体系，提升线上线下协同的精准治理能力，坚持科技赋能，聚焦"高效处置一件事"，在最低层级，在最早时间，以相对最小成本，解决最突出问题，取得最佳综合效应，营造"观全面、管到位、防见效"的智能应用生态，做到实战管用、干部爱用、群众受用，推动城市管理手段、管理模式、管理理念的全面再造，推动城市运行实现从数字化、智能化到智慧化的过程。

三是建立智能应用体系。坚持应用为要、管用为王的价值取向，按照部门的职责分工，合理打造"1+4"的智能化运用体系，"1"就是城运系统，在城运系统建设的过程当中，要特别注重城市之眼，加强地理信息、力量分布、政务微信、气象预知、交通实况、应急处置等公共插件的建设，同步出台使用标准，为各部门各业务之间的标准化赋能。建设城市生命体征监测服务系统，多维度精准刻画宏观态势和重点领域的运行情况，实现对人物动态的全面精准感知。城市治理过程中从最底层分类，"人"就是指的法人和自然人，"物"主要是指像房屋、基础设施等静态的城市构件。"动"是指与城市的运行相关联的一些要素，既包括人的流动，也包括物的流动，还包括资金的流动和信息的流动。"态"是指整个城市的综合态势。"4"就是四大领域的智能化应用，具体包括公共管理、公共服务、公共安全和应急处置这四大领域。公共管理类的智能化应用主要目标在于满足城建市场生态环境文化旅游等监管部门监管需要的应用场景；公共服务类智能化应用主要满足医疗教育养老与就业政府服务等场景需求；公共安全的智能化应用主要满足反恐治安以及交通、防火、生产、食品安全等场景的应用需求；应急处置类智能化应用主要是满足防汛防台、卫生防疫、火灾救援、暴恐袭击、安全事故处置等场景的应用需求。

四是建立精准治理体系。"一网统管"建设将技术系统建设与工作职能整合，重塑业务流程，优化体制机制，组织内部管理等统筹融合，强化城运中心运作，推广服务，深化公共服务管理，优化公共服务供给，守牢公共安全底线，创新应急管理机制，构建智能评估的新型城市治理体系。精准治理体系，就是要构建起新型城市治理体系，重点是通过权力下放基层，整合基层的管理力量，在街镇打造一支"7×24小时"的响应队伍和管理体系，承接处理一般事件，先期处置重大应急事件，专业部门做强专业能力，依责响应、分类跟进、梯层响应，畅通联络渠道，优化政策设计，激发社会力量，广泛参与城市治理。

五是健全综合保障体系。围绕组织、技术、制度三个维度强化综合保障，有力支撑建设运用。在组织保障方面，专门成立市级领导小组，充实项目组，组建专家咨询委员会和一流企业联盟，开展"一网统管"建设大会战。在技术保障方面，编制统一的技术标准，加强网络平台、系统数据终端等资源的整合，制定数据治理标准，谋划智能应用模式，切实保障数据安全和个人隐私。在制度保障方面，建立适应智能化发展要求的新型项目审批制度，安排专项资金，优化机构设置、职能配置，完善政策普惠，有序推动地方立法。

上述方面内容构成了"一网统管"的总体框架和架构，为"一网统管"建设提供方向和指导。

（二）城市运行"一网统管"的特点

城市运行"一网统管"：高效处置一件事的平台。"一网统管"是指通过建设、架构和联通各类城市运行系统，形成"城市大脑"，并对海量城市运行数据进行采集、汇聚、分析、研判和应用，进行城市运行管理和突发事件应急处置，从而实现城市运行"一屏观全域，一网管全城"目标的技术治理模式。通过物联网、大数据等数字化手段监测感知城市运行状况，发现问题、实施预警、预判趋势，动态监测、排除隐患，为城市保驾护航，服务公众。

（1）前台：问题感知与识别

"一网统管"通过平台基础设施建设，实现全域系统建构。前台是一站式的公共服务端口，包括小程序、**APP**、政务服务网站，以及各类城市生命体征感知"神经元"等，面向服务对象。一方面包括具有主观能动性的公众，以公众诉求为问题发现的源头；另一方面包括客观存在的城市生命体，以数字化设备等感知"神经元"为问题发现的源头。以物联、数联、智联为基础，聚焦街镇、村居、楼宇等不同层次的数据感知，凭借热线、网格充分发挥"市民端"哨点作用和舆情捕捉作用；凭借公安视频监控、智能安防社区视频监控，形成全时段对城市运行状态实时监测；凭借已建物联感知设备，与消防、民防、卫健委等专业部门对接发挥"感知端"作用。

（2）中台：场景匹配与业务协同

在城市数字化转型的大背景下，以"一屏观全域，一网管全城"为核心目标，上海坚持顶层设计与需求导向相结合，着力打造数字化城市运行中台，包括数据中台、业务中台和 **AI** 中台，具有强大的算力算法，是前台与后台的纽带。数据中台提供数据开发、分类、整理服务，负责数据与业务部门的对接，保障数据的可获得性；业务中台负责各层级各部门的协同调度、标准制定、业务派单和治理监管，促进跨层级跨部门的业务整合与流程再造；而 **AI** 中台形成了不同的算力和算法，根据海量应用场景将数据模块进行重新排列和整合，形成不同问题处置模型，通过模型可以进行趋势预测，让数据为治理赋能，让算法为数据赋能，让数据活起来，流动起来。

"一网统管"是部门协同、线上线下联动的平台，通过流程再造实现整体政府建设，高效处置一件事，回应公众诉求。以"三级平台、五级应用"的工作体系构建横向到边、纵向到底的平台架构，市级平台负责标准的制定和城市运行总体监控，主要履行"观测"这一职能；区级平台有效支撑，承上启下，主要承担"管理"这一职能；街道乡镇平台面向一线，承接上级派单，是问题处置的行动主体，主要承担"防控"职能。三级联动能够跨层级、跨部门、跨系统统合多方资源，发现问题迅速响应，重塑多主体的工作流程，为线下部门派单，打破部门壁垒，多元协同，推进"一网统管"平台"观、管、防"职能的有效实施。线上的精准预判防控，最终都要归结到线下的处置，线上的职能在线下要"接得住"，"一网统管"平台力求使线上为线下赋能，线下各条线协同，打造无缝平台，真正有效回应诉求。例如在普陀区，各街镇在传统网格的基础上，统筹公安、绿容、城管、房管、市场监管、综合治理等基层力量，做强做大线下基层处置能力，去机关化、去行政化，形成与城市运行管理、处置相匹配的全天候、常态化响应的"矩阵式队伍"，通过综合执法力量，切实提高基层处置、治理的效能。

（3）后台：数据整合与决策支持

"一网统管"后台接入海量数据，为预测、决策、派单提供数据支撑，后台数据主要有以下来源：第一，从城市生命体征感知端获取。上海市不断完善气象环境、能源监测、人口规模、经济税收、文明旅游和卫健概况等城市生命体征建设，构建城市体征指标体系，全面掌握城市运行态势，实现全方位检测，全维度研判，为领导科学决策提供有力数据支撑。目前，上海市结合无人机、高清摄像头等设置了水陆空 88 万个"神经元"，近百类超过 510 万个可共享数据的物联感知设备被纳入市域物联网运营中心共享，每日产生数据超过 3400 万条，将进一步在市容管理、数字农业、防汛防台、水务管理等方面赋能城市运行管理，① 对燃气、烟雾、消防通道占用、玻璃幕墙老化、防汛抗洪等城市运行中存在的问题和隐患进行随时监测。城市生命体征感知系统具有如下特点：其一，智能化，随着信息化数字化高速发展，"一网统管"对城市的监测、感知、预判不再单纯依靠人力，而是更多地依靠无人机、摄像头等智能物联感知设备，与消防、民防、卫健委等专业部门对接，将各业务部门传感器接入平台，平台运用 5G、大数据、区块链、云计算等技术工具构建数字孪生城市，线下城市的事件和部件都在线上映射，形成城市生命体数据库；其二，广泛化，正是由于依赖数字技术和智能传感设备，达到传统人力无法覆盖的领域，感知触角分布十分广泛，体征指标逐渐完备，充分发挥大数据优势，实现城市生命体征的全域感知，以松江区为例，到 2021 年 9 月，全区城市数字体征相关指标达到 518 个，基本涵盖城市管理的各个方面。

---

① 《上海"一网统管"新突破：全国首家市域物联网运营中心启用》，央广网。

第二，从各层级和各部门获得实时数据和既往数据。上海城市运行"一网统管"建立了"三级平台、五级应用"的工作体系，三级平台是指市、区、街镇平台，每级政府设立城市运行中心，各自搭建城市运行"一网统管"平台，实现三级联动，五级应用是在市、区、街镇以下，打造网格应用和小区楼宇应用。这就要求数据能够上下双向赋能和在部门间相互赋能。一些城市运行中心干部反映，数据自下而上汇集之后仿佛"泥牛入海"，流入上级平台后难以找回和重复使用，一般来看，数据自下而上流动比较容易，而自上而下流动比较困难。

"一网统管"是信息交换整合的平台，通过技术赋能实现精准服务和决策支持，为公众和决策者提供服务。通过无人机、高清摄像头等神经元的布控和算力算法的开发，以大数据为依托，构建多元化、多面向、全领域的治理场景和模型，针对城市治理存在的问题提出精确的解决方案，聚焦人民满意和高效处置一件事，提升政府服务能力。人的认知具有有限理性特征，由于无法掌握全样本信息和预测能力有限，会在决策时代入经验性的主观判断，大数据与算力算法的结合为决策者提供了更可靠的决策依据，依托数字化模型，在既往数据的基础上构建预测模型，决策者从依靠经验和感性认知向依靠数据和理性模型转换。

总之，"一网统管"是指用实时在线数据和云计算、大数据等智能技术，及时、精准地发现问题、对接需求、研判形势、预防风险，在最低层级、最早时间，以相对小的成本，解决最突出问题，取得最佳综合效应，实现线上线下协同高效处置一件事。① "一网统管"
就是要实现努力在最低层级、最早时间，以相对最小的成本，解决
最大的关键问题，取得最佳综合效应。其中，最大的关键问题就是
人民生命健康的问题。要通过"一网统管"，做到事件早发现、早处
置、早预警、早解决。要解决日益增长的管理需求与短缺的管理人
手之间的矛盾。要注重"治未病"，通过"神经元"、感知端，及时
发现问题，消除隐患。

　　"一网统管"的目标定位是"一屏观天下，一网管全城"。"一屏
观天下"就是在一个端口、一个屏幕上实现城市治理要素、对象、
过程、结果等各类信息的全息全景呈现，做到观全面，这是基础。
"一网管全城"就是把城市治理领域所有事项放到一个平台上进行集
成化、协同化、闭环化处置，做到管到位，这是关键。在观、管的
基础上，还要努力向防的方向突破，做到"观管防处"的有机统一，
实现数字化呈现、智能化管理、智慧化预防。

三、城市运行"一网统管"建设的技术路径

　　以城运中心为运作实体，城运系统为基本载体，用科技领域的
新手段、新方式促进体制机制优化、业务流程重塑、队伍建设，实

---

　　① 徐惠丽：《"一网统管"——打造数字技术创新发展的舞台与道场》，《张江科技
评论》2021 年第 1 期。

现城市治理科技含量提升、业务流程再造和内部管理方式方法创新，统筹市治理的方方面面，使城市治理更加协同更加高效。综合来看，实现"一网统管"，主要有数字孪生、广泛感知、数据集成、系统上云、实战使用、流程再造、基层赋能、安全底线等 8 个重要方面：

（一）数字孪生

数字孪生是社会管理各方信息、要素的全量的数字化表达和映射，过去用文字记录生活的方方面面，现在，在治理城市过程中，可用数字认识城市、描述城市、管理城市。具体地讲，就是在电子地图上基于统一的标准地址全量展示实有要素信息。通过这种数字化的映射和表达，使整座城市的管理要素信息呈现在城运中心的大屏幕上。

实现数字孪生，重点是将城市的空间、部件、事件、组织数字化。空间数字化包括陆域、水域、空域、网域、地下域等，管理领域实现从平面向立体、单一向多维转变。部件数字化就是将构成整个城市的部件，比如道路、桥梁、隧道、路灯、立杆、垃圾桶、管线等大大小小的城市设施构件纳入数字化管理。由于城市部件量大面广，数字化有不小难度，各区都在积极探索。比如，闵行区首创用"二维码"方式对城市部件进行标注，在初步实现部件数字化管理上进行了有益探索。事件数字化包括城市运行管理中对事项处置全流程的信息化，实现全程留痕，以数字化形式全息全景呈现我们政府各部门工作全貌。组织数字化包括政府管理部门及其工作人员、社会组织及其工作人员，以及参与社会治理其他主体，需要按照组织架构和实际运作情况，全量赋予组织机构及其工作人员唯一的、对应的数字身份，就像身份证一样，给政府每个部门、每位管理者赋予一个 IP 并在虚拟空间中同步更新岗位的动态变化。

（二）广泛感知

广泛感知有两个必要条件，一个是全面，就是全域、全量、全要素，另一个就是实时动态。随便哪里发生一件事，市民拿出手机传到网上，整个世界就知道了。类似手机这种设备，很多用于城市管理中的感知设备已经大范围地用在城市管理领域中，它们承载着数以亿计的"神经元"，全量、实时、多维、持续监测，发现城市动态变化和潜在风险。通过这些感知设备，掌握城市的生命体征和细微脉动，即使萌芽状态的风险隐患也无所遁形。

实现城市管理广泛感知，需要优先布建的是视频监控、微卡口、城市部件传感器等"神经元"。视频监控是采集信息最丰富、反馈结果最直观的"神经元"，可以为所有需要现场处置的城市治理事项赋能，"城市之眼"能看遍全市的角角落落，不仅要结合广泛布建监控探头，还需要引入无人机、高空 AR 全景摄像机等设备，居高临下、一览无余。微卡口是安装在特定出入口，聚焦人、车、物等要素进出流动轨迹的"神经元"，实现人过留影、物过留痕。在社区、楼宇等领域社会面智能安防建设中，微卡口的建设是标配。城市部件传感器是监测城市部件状态的"神经元"，覆盖城市部件的全生命周期。大到道路、桥梁、隧道，小到窨井盖、广告牌、玻璃幕墙，如果出现松动、裂缝等小问题，就有可能酿成大祸端。这就需要针对部件用途和物理特征，安装部署动态的传感器，一旦超出阈值就能智能推送预警。

（三）数据集成

数据集成的宗旨是科学配置各层级城市治理数据资源，分级汇聚、治理、共享，形成统一协调的数据库，确保城市治理需要的数据全量融为一体，为大数据应用奠定基础。通过数据库，"一网统管"的各个层级都依托数据资源进行有效治理。重点是推动数据层级清晰、数据质量优良、数据使用有序。数据层级清晰是指市、区、街镇、网格等不同层级的数据资源，要根据实际情况构成不同规模的数据池。市大数据中心的数据池是汇聚终点，门类丰富、要素齐全；各部门、各区的数据池承上启下；各街镇的数据池是最基本蓄水单元；网格则源源不断产生数据。数据质量优良是指各层级按照统一标准开展数据清洗和数据治理，分类形成城市治理主题数据库，确保数据可用、好用，为后续系统建设、场景开发打牢数据基础。数据使用有序是指数据产生和反哺的一个过程和顺序。基层产生数据，使用数据，上一层级接收数据，治理数据，反哺基层使数据可用。要高度重视政务外网的建设和业、务专网的整合，确保数据在统一的网络环境中流动，确保网络带宽满足毫秒级响应要求。

（四）系统上云

系统上云是基于云平台，整合调度硬件和软件资源，承载各类信息系统，通过系统部署方式为"一网统管"的应用提供统一的通用的生态环境，破除"系统烟囱"林立的现实困境。系统上云，重点是建设云资源、云操作系统和云开发模式。云资源采用云架构调度服务器资源，为信息系统提供数据存储空间和算力。云操作系统在提供虚拟化等基础服务的基础上，集成数据库等通用组件，支持大数据实时计算、图计算、流计算、机器学习等云服务。云开发模式即按需组合，可快速完成既有系统迁徙上云和新系统的云上开发。这种云开发模式将每个系统可供共享复用的部分，作为共性应用沉淀下来，实现"一家能力大家共用""一家升级全局提升"使系统开发的门槛大大降低、过程大大简化、时间大幅缩短。

（五）实战使用

按照"应用为要、管用为王"的价值取向，各部门基于各自职责和实战需求，快速迭代开发应用，形成智能化应用体系。通过这个应用体系，"一网统管"涉及的治理事项都能得到智能应用的赋能支撑。

发挥好赋能支撑，重点是推动智能应用移动化、响应即时化、服务全域化三个方向的发展。智能应用移动化是城市治理的载体，从传统的计算机等固定终端，拓展到智能手机、智能眼镜、智能手表、智能头盔等移动终端，实现一线作业场景的赋能，改变以往科技支撑难以走出办公室的窘境，实现城市治理活动的全量数字化、移动化。比如，市公安局、市容绿化、水务等部门利用政务微信平台满足一线民警执勤执法需求，承担街面环境、防汛防台等管理职责，丰富了一线作业智能场景。响应即时化是确保系统模型在支撑治理活动的全过程中，保持秒级、毫秒级响应，弥补以往政务应用反应迟钝、体验不佳的短板。响应即时化需要在加大资源保障力度的同时，引入一流技术，精心设计交互界面和操作流程。比如住建、交通等部门承担城市部件管理、非法客运查处等管理职责，对于快速处置的要求较高，也应提升相关应用的响应速度。服务全域化是系统模型贴合实际需求，全面服务支撑公共管理、公共服务、公共安全、应急处置等不同类型的治理活动。比如卫健部门的系统应注重平战结合，既要服务于突发公共卫生事件，也要服务于日常的医疗资源供给调配；还比如，市场监管部门的系统应注重对企业的全量监管，既要管住有证企业，更要管住管好"影子"公司、"僵尸"企业。

（六）管理流程再造

借助现代科技赋予的革命性推动力量，重塑城市治理流程，通过总结城市治理中行之有效的经验做法，填补城市治理中的空白和盲区，形成包含法律、规定、章程、政策、标准、规范于一体的城市治理制度环境。依靠完备的规则体系推动城市治理协同高效，深度适配"一网统管"的需求。

建立健全规章制度重在破解深层次的体制、机制问题。体制方面，重点是进一步科学明晰职责分工，即在市、区、街镇三级城运中心实体化运作的大框架下，调整各部门、各层级在城市治理中承担的责任，以制度方式界定工作界面。横向来看，应按照"不包揽、不代替"的原则，发挥城运中心的组织、指导、协调、赋能作用，推动各部门实现议事协商、联勤联动、平战结合、线上线下融合，帮助其更好承担城市治理职能。纵向来看，应按照重心下移、资源下沉的导向，把人财物和权责利对称下沉到基层，特别是要把基层迫切需要且能有效承接的执法管理权限下放到街镇一级，根据执法内容固化岗位职责，形成执法指南和操作"范本"，使基层治理有法可依、执法有据，提高执法管理的规范化水平。机制方面，重点是进一步完善项目管理，即适应新技术、新应用发展需要，改进项目审批机制，创立技术实施标准。项目审批机制与智能化时代发展同步，引入熟悉主流技术发展的内行专家参与评审，按照行业薪酬标准动态核定软件开发的人力成本，统筹业务需求和技术参数，尽可能简化审批流程、加快审批速度。技术标准应注重有针对性地填补空白，对"一网统管"涉及的硬件布设、软件开发、数据治理等重点领域，制定明确的规范细则，确保不同主体、不同系统、不同网络、不同平台之间协调互通，防止因缺乏标准而"野蛮生长"，出现新的"数据孤岛"和"系统烟囱"。

（七）基层赋能

根据城市治理的需要，绝大多数事项在街镇层面解决，少数事项在区级层面解决，极少数重大突发事项提到市层面解决，这种结构最稳定，是保障城市运行有序的关键。街镇、网格、社区是基层治理的主力军，承担着快速响应、就近处置的重任，决定了"一网统管"能否真正管用。

"一网统管"体系在推进中，坚持实战导向，更加注重在力量、能力、机制等三个维度下功夫，全面提升基层治理效能。一是做强处置力量。各区借鉴有关部门成功经验，在街镇一级花大力气整合力量，打造一支全天候、全领域值守响应的处置队伍，统筹集约开展综合执法管理。政府在优化自身力量布局和使用的基础上，还发动居村委、业委会、楼栋长、志愿者等居民自治力量，物业、保安、保洁、保绿等社会服务力量，积极培育公益性、服务性、互助性社会组织，共同参与基层治理。比如，长宁区充分依靠社会力量，把基层治理延伸到居民小区、商务楼宇、经济园区等1000多个管理单元和35000多个门牌号，实现"人—房—企"全覆盖管理，精细化程度更高。人民群众自防自救、互帮互救，成本最低、损失最小、效果最好。各区走好新时代群众路线，重点建好用好"微信群"，把"面对面"和"键对键""屏对屏"结合起来，提升群众参与城市治理的意识和能力，鼓励引导更多市民主动化解身边的风险。二是提升处置能力。关键是加强应用和反哺，最大限度发挥科技赋能的作用。一方面，要抓移动应用。各区进一步在基层推广政务微信，对基层城市治理者做到账号应开尽开、权限应放尽放、程序应用尽用，力争在年内实现全覆盖、无遗漏。在此基础上，结合各自实践，自主研发挂接操作简明、维护简易的轻应用，为基层治理减负增能。另一方面，要抓数据反哺。市大数据中心已收到各方提出的数据需求，应尽快将数据反哺基层基础。数据源于基层，用于基层。三是优化处置机制。从"三位一体"迭代推进的角度，目前基层治理的科技含量已经有了一定程度的提升，业务流程再造、内部管理手段升级应抓紧跟上。在业务流程再造方面，关键是实现联勤联动、协同治理。推动城运网格、警务网格、综治网格、党建网格融合，做到依责响应、通力协作、高效履职。下一步要因地制宜继续调整，按照"多对一"或"一对多"的方式实现网格融合。在队伍管理手段升级方面，关键是实现清单定责、自动留痕、精准考核。应推动任务处理即应用数据、采集数据、生成数据、汇聚数据即任务处理，据此量化评估每个人的工时、工作量和工作绩效。这种方式通过用数据客观还原治理工作情况，自动计时、自动计量、自动计效，能从根本上解决干与不干、干多干少、干好干坏一个样的问题，进而最大限度激发基层治理队伍的内生动力。

（八）守住安全底线

牢牢守住"一网统管"的底线，始终将安全贯穿于"一网统管"工作全过程。着力在下好防范信息安全"先手棋"、筑牢防御网络安全攻击的"防火墙"和加上严密制度规范的"安全锁"上下功夫。目前，在制度落实上出台了《关键信息基础设施网络安全保障指南》，用于指导城运中心及各城运中台接入单位落实主体责任，做好网络安全保障工作；还编制下发了《城运建设安全二十条》确保形成基础安全保障能力，守住安全底线。此外，积极推进网络安全培训常态化。一方面指导相关部门网络安全负责人，召开城运系统建设网络安全培训会，开展督查检查，要求市大数据中心、大数据股份对照《城运建设安全二十条》进行查漏补缺并提交整改计划。在推进城运中台网络安全保障方面：一是梳理并监测城运中台互联网暴露面；二是落实技术防范措施，推进落实城运中台到互联网、政务网、测试开发环境边界的流量监测、分析、审计工作。

四、城市运行"一网统管"赋能城市运行安全风险精细化防控

城市运行"一网统管"最主要的功能就是发挥数字技术赋能城市治理的过程，提高城市治理的精准度、智能化和高效化，它也是一种城市治理模式的创新。从城市运行安全风险精细化防控来看，"一网统管"主要解决城市运行中安全风险看不见、资源调不动、反馈不及时、管理缺闭环等方面的问题。主要如下：

一是通过数字技术赋能安全风险防控的感知能力。通过智能感知系统、大数据、物联网等技术的运用，感知城市运行中的各类安全风险，并作出相应的预警和提示，解决了城市运行中的风险动态、风险发展趋势，能做到第一时间发现问题，实现城市有机生命体的耳聪目明，提高城市的风险感知能力。如小区电梯安装风险报警系统，并与小区物业监控中心联网，一旦发生电梯运行事故立马报警，

提高了电梯风险感知能力和发现问题的能力。

二是通过技术平台将各部门之间的数据打通，实现资源共享，提高政府快速反应能力。"一网统管"一个重要功能是将各部门的数据和信息打通，将各部门的资源汇集在一网统管的平台上，即城市运行管理中心。这个平台便于一旦发生事件及时启动联动机制，高效调动资源，第一时间形成合力，发挥各部门处置事件的主动性和能动性，提高各部门的快速反应能力。如通过"一网统管"平台，优化处置事件的流程，渣土车的处置就是各部门打通数据共享，处置资源汇集到一个平台，一旦发生事件，发挥联动联勤机制作用，公安、城管、环保、交通等各部门合作，及时处置渣土车的违法违规行为，确保城市运行中的安全风险第一时间得到控制，避免突发事件的发生。

三是数字技术和平台使各个部门和资源汇集在一个平台，便于各部门及时反馈信息和数据，有利于形成城市风险治理合力。当水电煤气产生风险后，各个部门立刻介入、防范和控制，所有信息和风险能及时反馈到"一网统管"的平台，各部门能及时把控各个环节的信息，做到心中有数，及时反应，掌握事件处置权并控制主动权。

四是数字技术赋能便于做到事件闭环管理。通过数字技术应用，所有事件风险处置过程全程留痕，使整个事件处置过程一目了然，便于各部门及时跟进和督查，能有效地进行总结、反馈和提升，为预判风险和控制风险提供基本的依据和素材。

总之，通过科技赋能使城市治理系统做到"耳聪目明、智能研判、四肢协同、发力精准、动态调整"，推动城市管理手段、管理模式、管理理念创新，从数字化、智能化到智慧化，最终实现城市安全风险治理中感知问题的敏锐性、整合资源的快速性、处置事件的高效性、事后评估的全面性，从而发挥技术赋能城市风险治理精细化机制建设的作用，提高城市运行安全风险精细化防控智能化和科学化水平。

第九章　安全风险精细化防控机制的优化路径：基于韧性城市建设的视角

前面我们在分析特大城市运行安全风险防控实践的基础上，归纳和梳理了各自城市在应对社区安全、自然灾害和公共卫生事件等方面的经验和有益做法，也分析了其中风险治理中的不足和短板，尤其是在风险精细化防控机制建设方面的问题，如多元主体参与不足、制度设计不完善、防控技术不到位等。因而，在韧性理论指导下探索建设和优化城市运行安全风险精细化防控机制是建设韧性城市的重要路径依赖，具体的优化路径以韧性理论为指导，从组织韧性、社会韧性、制度韧性、空间韧性、经济韧性和技术韧性等维度加强安全风险精细化防控机制建设，形成系统的城市运行安全风险的防控体系，实现公共安全治理模式向事前预防的转变，促进特大城市韧性建设，增强市民的获得感、幸福感和安全感。

一、从组织韧性建设来看，加强风险治理的机构和主体建设，为特大城市运行安全风险精细化防控机制建设提供组织保障

党的十九届四中全会指出，必须加强和创新社会治理，完善党委领导、政府负责、民主协商、社会协同、公众参与、法治保障、科技支撑的社会治理体系，建设人人有责、人人尽责、人人享有的社会治理共同体，确保人民安居乐业、社会安定有序，建设更高水平的平安中国。党的二十大也指出，健全共建共治共享的社会治理制度，提升社会治理效能。缘此，在城市运行安全风险防控精细化机制建构中，首先是优化管理和参与风险防控的组织和主体的机制，加强应急领域共建共治共享能力建设，对提高城市韧性具有重要意义。韧性城市的建设需要包括政府和非政府组织在内的多元行动主体共同参与，形成以政府为主导、多元协同的治理结构，发挥多元主体参与城市运行安全风险精细防控的功能。

第一，发挥党的领导核心作用，加强对城市运行安全风险精细化防控机制建设的引领和指导。中国共产党是中国特色社会主义事业的领导核心，在安全风险精细化防控机制建设中，要发挥各级党委统揽全局和协调各方的作用。各级党委通过各种决议和政策建议，指导和督促各级政府加强对基层各类风险精细化防控机制建设，把

防控安全风险放在城市安全治理的核心环节和重要内容，统筹好发展和安全关系，实现安全发展的目标。2017 年 3 月 5 日，习近平总书记在参加十二届全国人大五次会议上海代表团审议时指出，城市管理应该像绣花一样精细。城市精细化管理，必须适应城市发展。要持续用力、不断深化，提升社会治理能力，增强社会发展活力。2018 年 11 月 6 日，习近平总书记在上海考察时强调，一流城市要有一流治理，要注重在科学化、精细化、智能化上下功夫。既要善于运用现代科技手段实现智能化，又要通过绣花般的细心、耐心、巧心提高精细化水平，绣出城市的品质品牌。习近平总书记关于城市精细化治理的论述为城市安全运行风险精细化防控机制建设提供了理论指导和思想引领作用。如上海在防汛防台、安全生产、交通运输、环境保护等领域坚持以精细化理念加强风险防控工作，包括在防控的制度设计、资源融合、工具的选择等内容中贯穿和嵌入精细化的思想和理念，为城市运行安全风险防控指明方向和道路。各级党委在领导城市运行安全风险精细化防控机制建设方面，把风险精细化防控机制建设的工作作为考核政府绩效和干部的重要指标，把统筹发展和安全理念融入城市运行安全风险精细化防控机制建设中，增强各级领导干部推进精细化防控机制的建设的主动性和积极性，为城市运行安全风险精细化防控机制建设提供政治保障、组织保障和思想保障，促进城市运行安全风险精细化防控机制的建设和优化，为推进韧性城市建设创造良好的政治生态。

第二，发挥政府的主导作用，为城市运行安全风险精细化防控机制建设搭建平台，整合资源和力量，形成推进精细化防控机制建设的合力。政府通过政策、制度和技术的手段方式，将精细化防控机制建设的规范、制度、资源和工具等具体要求贯穿政府的城市安全管理全过程中。如安全生产风险防控中，通过政策规定和制度设计，要求各类企业、社会等主体履行风险防控的责任，将精细化防控机制建设作为安全风险防控的重心工作和基础。在未来特大城市运行精细化防控机制建设中，可以要求企业、社会主体等各类主体按照政府的法律和法规的要求，将精细化防控的理念渗透到风险防控工作中，在风险感知、评估、沟通、预警、控制和反馈环节贯彻精细化的理念，确保每个环节上都能将精细化的思维和原则贯彻其中，提高风险防控的效率和精准度，政府将企业和社会主体精细化防控的责任作为考核企业和社会主体的重要依据和指标，将对企业和社会主体考核从事后向事前风险防控的效度作为重要的参考依据，提高政府风险治理的科学性和有效性。

同时，政府可以加强对企业和社会主体关于精细化防控机制建设的指导，通过多种手段引导和激励，调动市场和社会主体参与精细化防控机制建设的积极性，使各类市场主体和社会主体能清晰掌握安全风险防控机制建设的内容、要求和方法工具，形成共同推进精细化风险防控机制建设的共同体，有利于提高城市运行安全风险防控的水平。

第三，政府搭建平台，出台政策和制度，鼓励企业和社会主体共同参与探索运行安全风险精细防控机制。在安全风险精细化防控机制建设中，通过制度设计或政策激励手段，激励各类市场主体和社会主体根据自身行业的特点，探索安全风险精细化防控机制建设，为安全风险防控提供保障和支撑。如上海交通行业引进保险行业对工程质量进行监管，减少乃至杜绝施工中的事故风险，出台政策要求道路工程建设方出资购买工程事故防范风险的保险产品，要求保险公司派出专业监管人员现场督查和监管，确保施工方在施工中按照操作规程和规范进行施工，避免风险演变成事故或灾害，解决了现场监管不力和监管资源不足的问题，这种制度设计和激励手段的应用，充分发挥了市场主体在安全运行风险精细化防控参与机制的功能。类似的探索为社会主体和市场主体参与风险防控机制提供了借鉴，更有利于安全风险精细化防控机制建设和落地。

总之，从强化组织韧性视角来看，在城市运行安全风险精细化防控机制建设中，充分发挥党委领导作用，政府主导作用，动员市场主体和社会主体共同参与，强化各种参与安全风险精细化防控的主体的精细化思维和精细化理念，为探索城市运行安全风险精细化防控机制建设提供组织保障和力量支撑。

二、从制度韧性建设来看，完善各项安全风险下精细化防控制度，为健全城市运行安全风险精细化防控机制提供制度支撑

凡勃伦认为"制度实际上就是个人或社会对有关的某些关系或

某些作用的一般思维习惯……是人类本能和客观因素相互制约所形成的和广泛存在的习惯，是人或社会对有关的某些关系或作用的一般思维习惯……它就是对这类环境引起的刺激的发生反应的一种习惯性的方式，而这些制度的发展也就是社会的发展"。[①]康芒斯认为制度无非是集体行动控制个人行动，他在关于制度的定义中指出，"如果我们要找出一种普遍的原则适用于一切所谓属于'制度'的行为，我们可以把制度解释为集体行动控制个人行动……它们指出个人能或不能做，必须这样做或必须不这样做，可以做或不可以做的事，由集体行动使其实现"。[②]制度就是一种规范和约定，其重要的价值在于约束人的行为和指引集体的行动，避免个人主观性对行为的影响和干扰，保持个人和集体行为的规范性和稳定性。从制度韧性建设的角度来看，城市运行安全风险精细防控机制建设需要一系列制度作保障，形成有利于风险精细化防控机制建设的制度体系。

从风险治理的全生命周期过程来看，风险精细化防控建设至少需要从风险感知体系、风险评估体系、风险沟通体系、风险预警体系、风险协同治理体系、风险反馈体系和风险治理责任体系等角度进行优化和加强，为城市运行安全风险精细化防控提供制度保障。

第一，加强风险精准感知体系建设，提升风险精细化防控的水平和能力。风险感知和风险识别是风险防控工作中的首要环节和最

---

① 凡勃伦：《有闲阶级论》，商务印书馆 1964 年版，第 139—140 页。
② 康芒斯：《制度经济学（上卷）》，商务印书馆 1962 年版，第 87—89 页。

基础环节，如果离开感知和识别风险的环节，风险防控工作将成为无源之水，无本之木。因而，在现实风险防控体系建设中特别强调制度建设，完善各项风险感知和识别相关环节的制度体系，推进安全风险精细化防控机制建设和优化。首先，政府确立风险清单管理制度，明确感知对象的风险就会列在清单中，使得各类风险一目了然，便于管理者做到心中有数、眼中有物，及时做到底数清、情况明，牢牢掌握风险防控的主动权。其次，制定和优化风险感知和识别的标准，明确风险感知的流程和规范。通过风险精细化防控标准建设，确定风险梳理的标准、风险类型和等级、风险涉及的领域和内容等要素，进行精细化的梳理和归纳，形成条理清楚的容易识别的清单和风险列表。如城市地铁运行中的风险精细化识别清单至少包括：人、物、地、势等要素相关的风险，通过专业化的话语体系进行描述和说明，便于地铁一线管理者和从业人员第一时间发现地铁运行中的各类风险，充分发挥一线从业人员和管理人员的快速识别风险的能力。最后，加强对风险识别和隐患排查工作的考核的制度建设。众所周知，风险感知和识别工作如没有完善责任追究制度体系，很难调动一线人员和管理者主动发现和精准识别的风险意识和积极性，人们有时由于缺乏责任心和担当精神，对风险和隐患的识别和感知能力下降，完全可能发生有制度不执行、有程序不遵守的情况，从而影响城市运行安全风险的防控效能和效度。

第二，优化风险评估体系，提高风险识别的精准度和质量。在城市安全风险精细化防控机制建设中，安全风险评估体系建设是其重要的一环，它的评估质量如何直接决定风险识别的质量和效果。其中应包括评估主体、评估对象、评估程序、评估工具、评估结果应用及评估责任等方面的具体规定和规范。城市安全运行风险评估工作可以借鉴近年来重大事项社会稳定风险评估的制度设计的相关做法，2007 年以来，政法系统全面推进社会稳定风险评估制度，各级党委和政府出台了一系列社会稳定风险评估的办法和实施细则，明确重大项目、重大政策和重大活动等内容根据规定进行系统的稳定风险评估，评估办法将风险评估工作设定为重大项目实施、重大政策出台和重大活动举办的前置条件，明确规定必须将社会稳定风险评估报告的结果作为重大事项或工程启动的必要条件，同时规定了评估的程序、评估工具的选择、评估结果应用和评估责任认定等内容，使得社会稳定风险评估工作得以规范化和制度化的开展，为控制社会安全风险，维护社会稳定发挥了重要功能。重大决策稳定风险评估工作的制度化是社会安全风险精细化防控机制建设的重要探索，确保风险评估工作有规可依、有章可循，促进风险精细化防控工作进一步制度化和长效化。因而，在城市安全运行风险评估中可以借鉴社会稳定风险评估的模式，将精细化和规范化的理念融入城市运行风险精细化评估中，提高安全风险评估工作的精细化和制度化水平。首先，制定城市运行安全风险评估的实施办法和条例，明确风险评估原则、评估对象、评估主体、评估程序、评估工具、评估结果应用和评估责任等内容，为安全风险评估提供基本遵循和指南。如在新冠疫情防控期间，各级政府要求社区疫情防控出台了风险评估准则和标准，对可能存在或潜在的风险进行评估，在党建引领下，动员各种主体参加，定期或动态评估新冠疫情潜在风险，为掌握风险防控的主动权打下了坚实基础。其次，加强安全风险评估的相关机制建设，为安全风险评估顺利开展创造良好的生态。安全风险评估工作开展的成效如何需要一套完善的机制来支撑。如多元主体参与机制、部门之间协同、评估结果应用机制和责任追究机制等。决定安全风险评估成效的关键因素是评估的结果应用问题，如果评估结果没有得到应有重视，如果评估结果没有作为风险控制方案选择的依据，那么风险评估效果将大打折扣，甚至该工作是徒劳的。这就需要确立安全风险评估结果应用机制和规范，明确将风险评估结果作为风险防控策略选择的重要依赖。只有这样安全风险评估工作才有其应有的价值。同时还需要重视风险评估责任认定机制的完善，将风险评估工作作为考核和评估各级管理者安全管理工作的重要内容。在城市风险防控过程中，若有完善的责任追究机制才能从根本上解决各级管理者和从业人员开展风险评估工作的积极性和动力不足的问题，从而从源头上促进管理者重视风险评估工作。风险评估工作是风险防控工作的"牛鼻子"工作，抓住了"牛鼻子"就抓住了风险治理工作关键。因而，在构建城市运行风险精细化防控机制中，必须将风险评估精细化工作做实做细才能更好地推进城市运行安全风险防控工作。

第三，完善风险信息沟通体系，提高风险治理的公开性和透明度，整合风险防控的资源和力量。在城市运行安全风险防控中谁掌握了信息谁就掌握了主动权，信息从某种情况来看是一种资源和力量。因而，在城市运行安全风险精细化防控机制建设中，需要明确风险信息沟通的主体、渠道、责任和工具等内容，将风险信息沟通工作纳入风险防控工作的一体化思考。首先，在沟通主体责任界定方面，加强风险管理者安全风险信息沟通的意识和能力。部门和单位信息沟通的意识和能力如何，直接决定信息沟通的效果和质量。从企业信息沟通情况来看，现在很多企业为了加强信息沟通和共享，实行企业首席信息官制度，确保企业或单位信息沟通有明确的主体，便于提高信息沟通的效率。因而，在城市运行安全风险精细化防控机制建设和优化中，明确各部门和单位风险信息沟通的责任和义务，要求各部门和单位面对安全风险要及时、准确、高效传递信息，便于整合更多资源解决城市安全风险运行中的风险。对风险信息漏报、瞒报、迟报和谎报信息的情形要承担相应的责任，从制度上明确了各级政府和部门信息沟通的责任，从而有利于风险沟通工作落到实处，提高风险沟通的效率和效果。其次，政府应加强制度设计，拓展风险信息沟通渠道和路径，吸引更多主体参与信息沟通工作。日常建立起上下单位、横向部门之间沟通渠道机制，如值班值守上报、信息共享等传统方式手段，还应包括数字技术发展赋能城市运行的感知能力提升，智能化地提供和传递信息，确保信息传递的科学化和智能化。另外还可以充分发挥市民和企业的功能，鼓励其通过市民热线或其他网络手段及时准确报告风险信息，有利于形成全方位的风险信息传递和沟通的网络，确保各级管理部门和人员第一时间获得城市运行中风险和隐患数据和信息，为采取有效防控措施提供了准确的信息和数据，及时准确评估和控制风险，提高城市风险治理能力和水平。

第四，构建完善风险预测预警体系，为城市运行安全风险防控精细化提供精准精确的指导。预测预警工作是在充分预判风险的基础上对政府部门和公众进行提醒的重要环节，预测早、预警早和预警准能及时快速动员和引导公众采取避灾行为和防控措施，构建规避风险的安全网，减少危机事件带来的负面影响，这也是城市运行风险防控机制建立的意义和价值。如 2021 年郑州"7·20"特大暴雨灾害造成重大的人员伤亡灾害，根据国务院调查报告来看，此次灾害在天灾的背后也存在人为的过失之处，国务院调查组经过全面细致的调查和分析，得出了除了客观上暴雨灾害的自然因素以外，管理、指挥和救援中也存在问题，其中预测预警工作存在一定瑕疵，如当时多次发了红色预警信号，轨道交通 5 号线还在运行，没有及时停运，最后由于地面水倒灌造成人员伤亡，这点确实需要反思。为此，需要加强制度规定和要求，明确规范预测预警环节的要求，提高预测预警工作响应性。因而，风险精细化治理至少应包括预测预警的主体、预测预警后的响应、预警信息发布渠道和反馈体系及预警缺乏行动的责任规定，这就需要出台一系列的制度和规范，明确预警主体的责任，规范预警后采取的行动，畅通信息发布的渠道，明确预警后各类主体行动的责任。当前可以发挥传统媒体如广播、电视、公共显示屏等功能，同时拓展新型自媒体的功能，如微信、微博、抖音等，扩大预警信息传播渠道，确保每条预警信息直达受众，提高政府和公众应急响应度和反应率。同时，从制度上规范预警信息发布后各主体响应的职责，明确各类主体预警响应职责和要求，对未能履行职责和义务的主体进行责任追究，这样可以将预测预警工作作为城市运行安全风险精细化防控机制建设的重要内容。

第五，健全风险协同治理体系，发挥多元主体的功能，形成城市运行安全风险精细化防控的合力。党的二十大报告指出，健全共建共治共享的社会治理制度，提升社会治理效能。在城市运行安全风险精细防控机制建设中，健全多元主体协同治理的体系，加强制度设计和规范，明确规定多元主体参与的定位、内容、路径、权责等要素，提升多元主体参与的效率和质量。首先，通过制度和法律规定，明确规定市场主体、社会主体和市民参与城市运行安全风险防控功能定位。在城市安全运行防控中，市场主体、社会主体和市民具有风险防控的天然优势，可以通过制度规定，明确各类主体在城市安全运行中的功能定位，如在社区安全清单梳理中可以充分发挥居民和社会组织的功能，探索风险地图自下而上的绘制方式，确保了社区风险更加精准更加高效被识别，推进社区风险防控工作更加精准精细，有利于促进平安社区和韧性社区的建设。其次，根据风险精细化防控的需要，可通过制度设计明确多元主体参与风险防控的内容和要求。城市安全风险防控的任务和内容，包括识别和评估风险类型、风险信息、风险产生原因、风险影响等关键内容，使各种主体明确风险防控对象的信息和特征，便于各类主体协同合作共同防控城市运行中的风险。再次，通过制度设计确定多元主体协同参与渠道，便于各类主体发挥自身的优势，提高风险防控协同治理的效度。根据多元主体参与城市运行安全风险防控的需要，设计多元主体协同参与风险治理的平台和路径，如鼓励市民可以通过市民热线或各种风险信息收集平台反映城市运行中安全风险的线索，社会组织在某些领域参与城市运行安全风险防控的工作，发挥专业性社会组织的功能，市场主体如何与政府合作的模式和平台等。这些路径设计更有利于动员各类主体共同参与安全风险精细化治理工作，提高城市安全风险防控的水平和能力。最后，政府可设计出激励各类主体的权责体系，调动多元主体参与风险防控的积极性。在动员多元主体参与安全风险防控工作中，可以根据各类主体的内在需求，设计一套标准的具有激励功能的权责体系，明确各类主体参与风险防控工作的权利和责任，依据各类主体参与防控工作绩效进行奖励或惩戒，激发多元主体参与风险防控工作的潜能和积极性，凝聚各类主体的合力，共同推动城市运行安全风险精细化治理。

第六，完善城市运行安全风险精细化治理责任体系，明确各类风险防控主体的责任，强化各类防控主体参与风险防控工作的积极性和主动性。责任认定和追究制度是动员各类主体参与风险防控工作的最有效手段，通过对失职或渎职行为的问责能有效激发各类主体的积极性和主动性。如在安全生产监管法律法规中明确规定地方党政领导的责任规定，提出党政同责，一岗双责，管行业必须管安全、管理生产经营必须管安全、管理业务必须管安全规定，同时明确企业和单位的主体责任，地方领导的属地责任等责任体系，将安全生产中各类主体的安全生产责任规范化和制度化，确保各类安全生产行为受到规定和约束，增强了政府、市场和社会等主体的安全生产积极性和主动性，形成全社会重视安全生产的良好环境，有利于政府的监管责任、企业的主体责任和从业人员的安全责任落到实处。在城市运行安全风险精细化治理中可以借鉴安全生产责任规定的模式，探索城市安全风险精细化治理的做法和路径，形成城市运行风险精细化防控的责任体系，规定各类主体在风险防控工作中的违规行为、责任认定和措施方法，明确各类主体在风险精细化防控工作中的作为或不作为的责任内容，确定责任追究的条件和程序，责任追究的方式和内容，将安全风险精细化治理的要求和责任细化到政府、社会和市民的具体行为中，便于各类主体在风险治理中做到有章可依、有规可循，提高风险防控的有效性和可持续性。

三、从空间韧性建设来看，加强物质资源储备和空间合理布局规划，为精细化防控机制建设提供硬件和物资的保障

在城市运行安全风险精细化防控机制建设中，城市合理物理空间和应急物资储备是城市安全运行的基础和前提，如果没有充分的物资和合理空间作保障，再好的精细化防控机制都是空中楼阁，无

从谈起。因而，根据安全风险精细化防控机制优化的要求，需要加大应急物资的储备和风险治理空间的布局，减少硬件中存在的风险孕育和潜伏漏洞。物理空间维度的安全韧性依托于充足的应急物资储备和合理的应急基础设施布局，确保应急物资和设施具有冗余性、鲁棒性，提高基础设施和工程的韧性，为韧性城市建设提供坚实的基础。如安全韧性社区的应急基础设施主要包括固定基础设施设备和公共卫生医疗产品设备等，注重采用新技术、新材料、新设备等，配置光电、风力等新能源设施，维持社区在风险防控期间的交通、通讯、能源等基本运营能力。社区内的建筑空间本身要坚固安全，社区生活圈规划中要合理布局多样化的避灾避难空间和物资储备空间，储备必要的急救、医疗、食品等应急资源，保障关系民生的"米袋子""菜篮子"。只有从精细化视角下考虑城市空间韧性建设，才能为城市安全运行风险防控提供坚实的基础。

城市空间是城市居民生活和生产、城市经济发展、城市生态产品供给、城市公共安全保障等的空间载体，不同城市空间组合形成不同的城市空间功能系统，奠定了城市空间结构的基本框架。提升城市空间韧性就是要优化城市不同空间功能的空间结构，使得城市在面临逆变环境时有更强应对能力，必要时可以为应急功能提供相应空间。[①]习近平总书记强调："城市发展不能只考虑规模经济效益，

---

①　贾若祥、窦红涛：《多维度推进韧性城市建设》，《中国发展观察》2022 年第 5 期。

必须把生态和安全放在更加突出的位置，统筹城市布局的经济需要、生活需要、生态需要、安全需要。"也就是说，在布局城市空间这个"大棋盘"时，不能仅仅考虑经济功能，还要更加重视考虑生态、安全等方面的需要，要为生态、安全等留足必要的弹性空间。增强城市的空间韧性，要求在国土空间规划阶段就要充分考虑可能遇到的逆变环境，并为规避可能的风险预留相应的腾挪空间和回旋余地。当前为了增加国土空间规划的科学性，更好地遵循自然规律和经济规律，更好地服务国家战略，在进行国土空间规划时，都要开展资源环境承载能力评价及国土空间开发适应性评价（以下简称"双评价"），增加应急避难场所建设任务和内容，夯实社区安全的基础。①首先，可对照国家和市防汛指挥部有关应急避难场所建设和基层综合减灾能力建设标准要求，建设充足的应急避险场所。一是加强资源统筹，充分利用现有公园、体育场馆、学校（培训中心）、大型商场（综合商业体）、公共文化场所（影剧院、文化宫）、会展中心（展览馆）、社区（党群、文化）服务中心、居村活动室、企业厂房、宾馆酒店等，实现"平战两用"。二是加强老旧社区更新改造项目衔接，结合15分钟社区生活圈建设，盘活地上地下存量空间资源，优化应急避难场所布局。三是科学合理制定应急避难场所选址方案，在醒目位置设置安全应急指示牌和应急疏散路径示意图，满足居民

---

① 贾若祥、窦红涛：《多维度推进韧性城市建设》，《中国发展观察》2022年第5期。

紧急避险和转移安置的需要。其次，建立完善街道—居村二级应急物资储备体系，根据实际情况，储备铁锹、灭火器、防洪沙袋、医疗急救包等基础救援物资以及食品、饮用水、毛毯等基本生活保障物资。同时，建立完善应急物资社会储备机制和社区团购制度，将辖区内企事业单位的物资储备纳入社区储备体系，并与社区内及邻近超市、企业合作建立应急物资协议储备。开展家庭储备推广行动，编制家庭储备清单，发放家庭应急包，从而进一步提高家庭的灾害防范和应对能力。

为了进一步提升社区空间韧性，可以在"双评价"的基础上，将区域易发和可能发生并影响社区安全的自然灾害、安全隐患等安全系统分析纳入"双评价"之中，提高应对城市安全隐患的能力。风险识别和评估是社区空间韧性建设的基础，也是防灾减灾最核心的内容和最重要的技术要素。一是定期开展风险评估。通过科学的风险评估方法，准确识别和分析辖区内的风险状况，并按照不同等级风险进行风险管理，采取降低风险的相应措施。同时，绘制包含危险源、隐患点、重要区域、脆弱性区域、安全场所、疏散路线等要素的"风险一张图"，更好地显示风险评估结果，提高居民知晓度。二是定期开展隐患排查。通过定期开展隐患排查，明确辖区内的主要隐患、事故危险源、危险设施、设施损坏、设备缺失等信息，同时针对危险源、隐患点标识、事故伤害记录、电动自行车管理等隐患排查结果，制定相应隐患治理方案，并有效落实。

四、从社会韧性建设来看，增强参与主体的
精细化防控理念和意识，为防控机制建设
提供思想支撑和人力资源准备

城市社会韧性建设可以从社区的建设基础来看，社会韧性是社区治理中各类社会资本自我适应、维持和发展的能力，是城市社区风险韧性治理的内生动力。社会韧性是城市社区系统依靠内部力量和资源防范与应对突发公共事件的能力。社会韧性通过社区认同、社会信任、社会关系、社区精神等影响社区系统的平衡和稳定，其中，社区自组织能力是社会韧性的集中表现。城市安全运行风险精细化防控机制建设需要有社会韧性的意识和自组织能力。社会韧性主要来源于两方面：一是社区居民的风险意识、知识和技能；二是社会的连接性，尤其是居民之间以及居民与社区之间的连接性，是社区凝聚力的重要体现。

社区社会韧性建设是以促进社会资本发展为中心。我国的社区发展承载着问题解决和社会改革的双重责任，因此社区内社会资本的韧性提升既要处理好自身的可持续发展问题，又要以此驱动社会治理体制创新。在基层社区治理中，社区居民的风险感知最为直接、风险治理需求最为明确，其自适应能力、自我服务能力和连接内外资源能力等的提升，是对社区社会资本建设可持续发展问题的直接

回应。

就基层社区社会韧性建设来看，社区治理与每个居民息息相关，推进社区韧性治理要重视社区居民的主体性地位，每个人在社区治理中都有自身的责任。共享发展理念包括全民共享、全面共享、共建共享、渐进共享等四个内涵，将共建共治共享贯穿于韧性社区治理始终，是坚持治理为了人民、治理依靠人民、治理成果由人民共享的本质体现。在应对重大突发风险事件中，只有切实践行共建共治共享理念，充分发挥驻区单位参与社区共同体建设的能动性，做到人人有责、人人尽责，才能凝聚起应对重大风险的强大力量。由于社区是居民的共同体，无论是常态化下的社区治理，还是非常态化时的应对风险能力，社区在应对风险防控中的作用都非常重要。正因为如此，很多基层政府要求各级领导干部深入一线，靠前指挥，打通"最后一公里"，促进各类社会组织、社会企业的衔接配合和协同互动，打造人人有责、人人尽责的社区应急治理共同体。

发挥社区居民的积极性，既有利于社区治理的顺利开展，也有助于强化社区居民的公共精神与社区归属感，从而提高居民生活质量。一个社区能够将共建共治共享常态化，其韧性能力将足以有效应对风险挑战，即在非常态下抵御危机、高效恢复社区秩序的能力。社区治理旨在建立"生活共同体""社会共同体""精神共同体""文化共同体"，这个共同体将"以全部共同的力量来维护和保障每个结合者的人身和财富"，但由于大多数社区居民的社区认同与社区参与理念匮乏，导致社区在很大程度上只是地域概念。韧性社区的治理理念将冲破这一桎梏，将"韧性思维"注入社区文化，共同创造具有本社区特色的精神财富以及物质形态，共享文化传承，增强社区各个群体的凝聚力，形成社区治理的整体合力，推进社区治理工作更有序、更高效。

具体而言，推进社区治理中的社会韧性建设需要做到以下几方面：一是在社区规划中推动建设需求"重心下沉"。力求应急资源配置向居民区倾斜，以适应居民区自身可调度、邻近社区可联动的抵御风险与灾害的需要。制定落实救灾物资储备计划，落实保障采购经费。街镇应积极开展家庭储备推广行动，编制家庭储备清单，发放家庭应急包，从而进一步提高家庭的灾害防范和应对能力。二是在社区治理中倡导主体参与"关口前移"。"社区的事让居民说了算"，推动社区居民走到社区治理的台前，提升社区互动自治能力。各个居民区依托联勤联动网格管理组建居民区消防安全隐患巡防队，走街入店进行安全劝导，督促整改一大批动态安全隐患。结合全国防灾减灾日、安全生产宣传月、消防安全宣传月以及防空警报试鸣日等重要节点，街镇每年组织开展大型防灾减灾宣传教育或培训活动，提升民众对于灾害风险的认识水平及其应对的能力。居民区层面开展应急演练，吸纳社区居民、社会组织和志愿者等广泛参与，演练结束后及时开展效果评估。同时，加强宣传阵地建设，丰富社区安全文化活动形式，通过设置科普体验馆、防灾减灾专栏专区、张贴减灾宣传材料、设立安全提示牌等措施加强防灾减灾宣传教育，使社区居民知晓社区灾害事故风险隐患及分布、预警信号含义、应急避难场所分布和应急疏散路径等知识。三是在风险处置中着力发挥"社区共同体"作用。居民区通过打造居民们"参政议政"的场地"自治议事厅"，推行民主协商议事制度，协商解决社区安全治理难题。街镇应结合应急预案，每年组织应急综合演练，并能够吸纳社区居民、社区内企事业单位、社会组织和居民志愿者等广泛参与。通过以上努力，将精细化防控的理念和意识厚植于城市基层社区居民和各类主体的行为习惯和行为方式中。

五、从经济韧性建设来看，整合风险防控的物资资源和经济力量，为风险精细化防控机制建设提供物资基础

城市运行安全风险精细化防控机制建设需要强大的物质基础和资源支撑，这就需要推动特大城市经济高质量发展，为城市安全运行提供更多的物质保障和资源支撑。如在特大城市社区经济韧性建设中，大力推进基层经济高质量发展，为基层城市运行安全风险防控提供坚强的物质基础。社区是城市经济发展的重要空间载体，是人口和经济活动都比较密集的地区，城市经济是以工业和服务业等非农产业为主的经济业态。提升社区经济韧性就是要提高城市经济发展的稳健性，保持城市经济长期向好的基本面，稳住城市经济的基本盘，避免城市经济在面对外部风险时出现大起大落的震荡甚至

长期低迷。①

提升社区经济韧性，要促进城市经济的适度多元化。城市经济是具有一定规模体量的多种经济形态的综合体，城市内一般有各级各类产业园区，作为集聚工业的主要空间载体，城市内商业服务业也比较发达，往往与城市的生活区交错分布。一般来讲，城市经济的多元化程度越高，其经济韧性就越强，不会因某一产业的波动而导致整个城市经济出现较大波动。

提升城市经济韧性，使之发展更具协调性，形成实体经济、科技创新、现代金融、人力资源协同发展的现代产业体系。实体经济是城市经济的根基，是增强城市经济稳健性的"压舱石"。科技创新是提升城市经济稳健发展的第一动力，是提升城市竞争力的动力源泉。现代金融是促进城市经济发展的"血液"，是助力城市经济做大做强不可或缺的要素。人力资源是促进城市经济稳健发展的第一资源，是促进城市产城融合发展的关键因素。

提高社区经济的韧性，除了加强从生产端发力外，还要不断从消费端发力，增强消费对城市经济发展的基础性支撑作用，更好满足人民日益增长的美好生活需要。

就风险防控机制建设来看，除了基层社区经济韧性建设以外，还要从以下几个方面投入：一是加大对城市社区居民和领导干部进

---

① 贾若祥、窦红涛：《多维度推进韧性城市建设》，《中国发展观察》2022年第5期。

行风险治理精细化文化教育和引导的投入。雄厚的经济基础是加强风险防控精细化治理文化宣传和教育的基础。可以根据精细化防控文化建设的需要，加大对精细化治理文化建设场馆和文化宣传项目的投入，为提高全社会市民对精细化防控文化的认识，提供物质基础和资源保障。二是加大对城市风险防控的基础设施建设的投入，为精细化防控风险教育提供设施载体。城市运行中的载体包括规划、建设和管理方面都应嵌入风险精细化防控的基础设施建设，提高城市运行载体的韧性。三是加大对城市运行安全风险精细化防控机制建设的技术投入，提高城市基于雄厚的经济实力，加大对城市风险精细化防控的技术开发，夯实城市运行安全风险防控数字化的基础设施建设，为城市运行安全风险精细化防控提供财力支持。在城市运行安全风险精细化防控中，必须发挥大数据、人工智能、物联网、云宇宙、数字孪生等技术在提高精准识别风险、高效处置事件和全过程追踪管理等方面的功能，这就需要加大对技术更新和迭代，确保最新数字技术能发挥真正的作用。

六、从技术韧性建设来看，加大应急技术投入和迭代更新，为精细化风险防控机制建设提供技术保障

随着大数据、人工智能、云计算等信息技术的飞速发展，如何

科学运用新一代信息技术为特大城市风险治理插上"智慧"的翅膀，提高对城市运行安全重大风险感知的灵敏度、风险研判的准确度与应急响应的及时度，是新时代做好特大城市风险治理的重要方向。党的二十大报告指出，要进一步完善网格化管理、精细化服务、信息化支撑的基层治理平台。开展智慧社区建设，是落实党的二十大报告关于加强基层治理能力，健全城乡社区治理体系的重要实施路径。城市运行安全精细化防控机制建设离不开技术支撑和技术更新，发挥技术赋能城市韧性建设，更利于城市运行安全风险精细化防控机制建设。

随着信息技术的快速发展，数字社区、开放社区、智慧社区、韧性社区等概念不断涌现。特别是新冠疫情以来，为配合社区防控的要求，社区治理正在以前所未有的速度推动创新，如何运用大数据提升社区应对重大风险的治理能力和技术韧性，已成为新时代创新社区治理的重要使命和战略任务。对于加强社区疫情防控及治理，习近平总书记强调："鼓励运用大数据、人工智能、云计算等数字技术，在疫情监测分析、病毒溯源、防控救治、资源调配等方面更好发挥支撑作用。"为此，加快推进信息技术与社区应对重大风险治理的相互融合、相互联动，成为新时代的一项重要任务。根据社区易发风险的类型、灾害影响的主要因素等进行前期的技术研判和风险预测，打造覆盖本社区的应对重大风险的信息治理平台、灾害处置方案等智能化的预警防控系统，尽快扭转社区应急管理的"重救轻防"的惯性思维，提升社区风险应对的智能化水平。

1. 构建完善的社区风险感知体系

社区风险感知体系主要围绕"人、机、物"等因素和"环境"变量，综合运用人工巡查与各类智能感知设备对各类风险源开展实时动态监测，基于多维、海量、全息数据的汇集，实现社区生命体征的全量、实时掌握和智能预警。地方政府应通过政策引导、资金支持、人才引入等途径推动数字技术从政府和城市向基层社区下沉，加快社区信息基础设施建设，解决社区应急治理技术短缺的问题。社区风险感知体系建设的重点是形成以自然灾害、安全生产、城市公共安全运行和应急处置现场为一体的态势感知体系，统筹各类物联感知端平台，在建筑物、道路、供水、电力、燃气、环境监测点、气象监测站等涉及社区治理的重点设施部署物联感知神经元，拓展形成社区治理风险感知体系。

概括而言，社区风险感知体系是依托物联网技术，广泛连接社区物理空间、社会空间和信息空间，全面感知社区安全运行各方面特征，实时动态采集社区安全数据，推动感知交互的智能化，为社区风险管理的日常监管、预测预警、抢险救援处置、灾后全面评估等提供及时、精准的感知信息。[①] 及时感知"一张网"通过整合不同社区管理部门的人工巡查数据、过往历史数据以及各类智能感知设备反馈的动态信息，可对社区内外部重点风险源进行动态实时监

---

① 郭少青：《如何推进智慧应急能力的建设》，《中国应急管理报》2019 年 3 月 28 日。

控，并在高清地理信息图上进行风险等级差异化标注，为风险精细化分级管控提供信息支撑，建立科学精准的风险数据库，形成风险画像清单。一旦风险感知信息达到社区管理部门事先预设的预警阈值，系统可自动弹出预警提醒，从而为社区应急管理的日常监管、预警异常情况、应急救援处置、灾后风险评估等提供及时、高效的实时感知信息。

2. 构建居住社区风险时空数据资源库

通过打通数据采集、数据治理、数据服务与应用等的全链路，构建社区公共安全数据体系，为风险防控动态化、监测预警智能化提供基础数据支撑。具体而言：一是依托城市空间地理底图和各类图层信息，汇聚社区生产、生活、治理中的各类风险信息和不同管理部门的救灾减灾数据，叠加"一标多实"各类城市运行管理要素数据，实现各类地理数据资源的有序关联，构建社区安全风险时空大数据库。二是对接应急资源储备单位和相关管理部门，实现应急队伍、应急物资、救援设备、应急专家等各类减灾救灾资源数据的集中汇聚，并在地理图层上标注出危险源、防护目标、救援力量、物资储备、避难场所等相关信息，形成应急资源"一张图"，同时保证数据线上线下实时或定期更新。[①] 三是充分利用分类智能化建模、知识图谱等技术，建立仿真模拟分析系统，对各类社区风险监测数

---

① 徐文标：《"推进应急管理体系和能力现代化的实践——浙江温州、杭州'智慧应急系统'建设调查报告"》，《中国应急管理》2020 年第 9 期。

据、灾害事故信息进行综合分析研判，对风险区域的环境和物件分布状况精准画像，汇聚建设智能算法仓库，打造一批监测预警、监管执法、指挥救援等业务模型和应急管理知识图谱，提升应急平台智能化分析研判能力。

构筑社区应急资源信息"一张图"是通过融合多个社区管理部门数据、本地社区空间数据和应急资源数据，形成社区应急空间信息共享与管理的"大基座"，并在 Web 端和移动端实施可视化管理，为社区应急管理工作提供全面、统一、实用的应急空间信息服务，以解决传统社区应急管理中资源信息过于分散化的问题，实现一图统揽风险全局。

社区应急资源信息"一张图"最大程度实现了安全风险全域数字化呈现，高效对接政府、社会、市场等不同主体的应急资源信息，建立动态化的应急资源信息管理库，借助空间分析技术可实现快速查询就近重点防御保护对象及周边应急资源分布状况，实现应急物资储备数据信息实时动态展现，为应急救援指挥提供全过程的资源支撑。借助物联网技术的运用，社区管理部门还可以更方便地满足突发事件发生时的大量临时性需求，实现社会闲置资源的多渠道接入、注销和跟踪管理维护，使分散化的应急资源提供方与多元化应急资源需求方之间实现最优化匹配，提升应急资源渠道的扩展性和应急资源储备的动态伸缩性。

3. 开发多任务的智慧社区应用场景

智慧社区应用场景是在超大型社区日常管理基础上开发的各类

信息化应用模块，以解决特定领域问题为导向，具有分散性、典型性和拓展性等特征。超大型社区可结合本区域的管理实际，创建模块化、组件化、场景化、智能化的多重社区应用生态场景。

一般而言，可重点围绕社区公共安全、工程建设、防台防汛、公共卫生等领域开发全方位、广覆盖、立体化的智慧应用场景，构建智能化社区安全风险监测预警评估体系，动态排查风险隐患，实施全周期的风险管理和智能化的综合指挥。例如，深圳市以"一库三中心 N 系统"为智慧应急建设整体框架，借助大数据库的数据资源与监测预警中心的信息支持，开发覆盖安全生产、自然灾害和城市公共安全等多领域的应用场景。"N 系统"包括工贸企业安全、危险化学品安全、高层建筑消防安全、城乡电器火灾安全、交通运输安全等安全生产类应用场景；台风、暴雨、森林火灾、地质边坡、地面塌陷、极端天气等自然灾害类应用场景以及建筑基础设施安全、城市生命线安全、社区安全等城乡综合防范类的应用场景。[①] 简而言之，推进社区治理智能化的关键是需要充分运用 GIS、视频融合、物联智联传感、大数据、云计算等信息技术手段，适时量身定制开发社区运行综合管理智能化应用系统。以社区建设、社区管理、社区安全等领域为重点，逐步拓展社区服务、社会协同、公众参与等领域，尽快接入各部门、街镇既有的相关信息系统、应用场景和相

---

① 冯双剑：《以智慧应急推动城市安全发展——华为"安全智能体"助力提升城市"免疫力"记事》，《中国应急管理》2021 年第 1 期。

关基础数据、业务数据，推动街镇网格化管理平台成为社区风险治理的应用枢纽、指挥平台和赋能载体。同时，积极鼓励和支持各部门、各单位结合实际、聚焦问题，开发智能化应用场景，形成全方位、广覆盖、立体化的智慧治理氛围。

综上所述，大数据、人工智能、物联网、元宇宙、孪生技术等先进数字技术广泛运用到城市运行安全风险防控体系建设中，大大提高了城市安全风险感知和识别的精确性和精准性，更有利于城市管理者推进城市安全风险防控的精细化程度，最后提升城市运行安全风险精细化治理水平，实现城市治理模式向预防转变，促进韧性城市建设，为市民提供更加安全的公共产品，推进人民城市建设，增强市民的获得感、幸福感和安全感。

由此来看，基层社区是城市各类安全风险产生的土壤，也是风险治理的基层基础。基层社区安全运行风险精细化防控水平如何直接影响到城市运行安全风险防控的能力和水平，因而在推进特大城市运行安全风险精细化防控机制优化中，重点将基层社区安全风险防控工作做实做细，才能从根本上消除安全风险和隐患，推进韧性城市建设的进程，为居民提供更多更优质的公共安全产品。

结语与展望

　　党的二十大报告指出，要加快转变超大特大城市发展方式，实施城市更新行动，加强城市基础设施建设，打造宜居、韧性、智慧城市。韧性城市成为人民城市建设的重要内容和目标，也是确保人民获得感、幸福感和安全感的重要保障。在韧性城市建设中，运行安全风险防控机制建设是确保韧性城市建设的基础性和关键性环节和工作，防控机制精细化程度如何直接影响了安全风险防控的效果。本书在分析当前特大城市公共安全治理形势的基础上，探讨了特大城市运行安全风险精细化防控机制建设的必要性和重要性。为了创新和优化特大城市运行安全风险防控机制，试图探寻风险精细化防控机制运行的理论支撑，韧性理论和精细化治理理论为城市安全运行提供了理论分析框架，城市韧性可以从空间韧性、组织韧性、制度韧性、社会韧性、经济韧性和技术韧性等维度进行建设和推进，安全风险精细化防控机制建设在韧性城市推进中融入精细化治理的理念，增强城市的免疫力和抗风险能力。

在韧性理论和精细化治理理论的指导下，撷取上海和北京特大城市运行安全风险精细化防控的实践，如社区安全风险防控、安全生产领域风险防控、公共卫生风险防控等，总结出特大城市运行安全精细化防控工作中的特色和经验，剖析其运行中的不足和问题，提出了相应的改进和优化思路。最后，结合北京市 12345 市民热线服务体系建设、上海城市"一网统管"体系的建设和创新的经验，总结数字技术应用有助于提高城市风险防控的精细化和精准度，赋能特大城市运行安全风险精细化防控的效能，有利于推动城市运行精细化防控机制的优化和完善。

综上，根据韧性理论和精细化治理理论，结合特大城市运行安全风险防控的实践探索取得的成效及存在问题，基于韧性城市建设的目标引导，从韧性建设的六个维度着手，加强特大城市运行安全风险防控精细化机制创新和优化，期待为特大城市运行安全风险防控提供保障和支撑。

尽管本书在特大城市运行安全风险精细化防控方面作了探索和梳理，归纳和概括了风险精细化防控工作原则和精神，但在特大城市运行安全风险防控实践比较方面还有很大探索空间，另外在韧性城市建设过程中，六大维度韧性建设还有很多有待进一步细化和拓展的空间，尤其是在数字技术和数字治理的具体应用场景建设方面还有很多新的领域值得探索，这也是今后特大城市运行安全风险精细化防控方面有待深入探讨的空间。

后　记

　　党的二十大报告指出，坚持安全第一、预防为主，建立大安全大应急框架，完善公共安全体系，推动公共安全治理模式向事前预防转型。党的二十届三中全会通过的《中共中央关于进一步全面深化改革、推进中国式现代化的决定》进一步指出，建立可持续的城市更新模式和政策法规，加强地下综合管廊建设和老旧管线改造升级，深化城市安全韧性提升行动。未来推进城市治理体系和能力现代化过程中，韧性安全城市建设将成为城市现代化建设的重要内容和目标。同时，精细化管理是推进城市公共安全治理体系和治理能力建设的重要保障。因而，有必要加强特大城市运行安全风险精细化防控机制建设，把风险精细化防控机制纳入韧性安全城市建设过程，进一步提升特大城市韧性安全水平和能力，确保韧性安全城市目标顺利实现，促进平安城市建设，增强市民的获得感、幸福感和安全感。2024年，上海市印发《上海城市管理精细化三年行动计划

（2024—2026 年）》，这是自 2018 年以来上海推出的第三轮精细化管理计划，该计划对韧性安全城市建设和超大城市运行安全风险精细化管理提出了明确要求，为推动超大城市治理体系和治理能力现代化提供了上海方案和上海样本。该精细化行动计划为城市运行安全风险精细化防控机制创新和优化提供了重要指导，明确了城市治理未来发展方向。

《何以韧性：城市运行安全风险精细化防控的探索与创新》一书是 2019 年董幼鸿主持的国家社科基金课题"特大城市运行安全风险精细化防控机制创新与优化策略研究"的最终成果，本书主要是由中共上海市委党校公共管理教研部董幼鸿和中共浦东新区区委党校周彦如共同完成，感谢上海市委党校研究生魏筝同学、宫紫星同学、李烨红同学、尹舒眉同学等为课题完成提供了大量的素材和帮助。

本书出版得到中共上海市委党校的大力支持，感谢中共上海市委党校的领导和同事对课题研究和本书出版给予的关心和帮助！感谢评审专家为书稿完善和优化提出精准和科学的指导意见！课题调研和撰写得到上海市城运中心、部分区城运中心、浦东新区应急局、松江区应急局等单位和部门领导的大力支持，感谢他们对课题研究提供的支持和关心！

在精细化治理背景下推进韧性安全城市建设，是城市公共安全治理体系和治理能力现代化的重要方向，也是高水平平安城市建设的重要抓手。本书只是韧性安全城市研究的阶段性成果，很多理论和实践问题需要进一步深化研究和探讨，故本书的研究尚存在诸多不足，敬请读者和同行批评指正！

作　者

2024 年 9 月

图书在版编目(CIP)数据

何以韧性 ： 城市运行安全风险精细化防控的探索与创新 / 董幼鸿等著. -- 上海 ： 上海人民出版社，2024.

ISBN 978-7-208-19186-0

Ⅰ. X92；D63

中国国家版本馆 CIP 数据核字第 2024BF6618 号

责任编辑　吕桂萍
封面设计　甘　信

何以韧性

——城市运行安全风险精细化防控的探索与创新

董幼鸿 等著

出　　版　上海人民出版社
　　　　　（201101　上海市闵行区号景路 159 弄 C 座）
发　　行　上海人民出版社发行中心
印　　刷　上海商务联西印刷有限公司
开　　本　720×1000　1/16
印　　张　16
插　　页　2
字　　数　154,000
版　　次　2024 年 11 月第 1 版
印　　次　2024 年 11 月第 1 次印刷
ISBN 978-7-208-19186-0/D·4402
定　　价　72.00 元